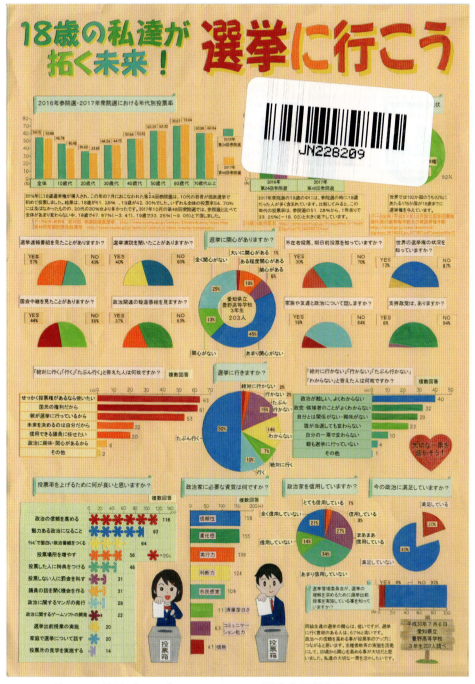

第66回統計グラフ全国コンクール　総務大臣賞作品　（p.225 参照）

18歳で選挙権を持つこと，高校生の作者は最初に，それがグローバルでは当たり前のことであることを示し，日本における投票率，とくに若い人の投票率の低さが課題であることを統計グラフで表しました。その後で，同級生への意識調査の結果を示し，政治に何が求められているのか，18歳の気持ちを力強く代弁しています。多くの統計グラフを論理的に配置した優れた作品です（高等学校以上の生徒・学生及び一般の部）。

第61回統計グラフ全国コンクール　総務大臣特別賞　(p.225 参照)

野球部に所属する3年生の作者の理想は県大会での優勝．それがまさかの予選敗退．理想と現実のギャップを課題と捉え，データで解ける問題に落とし込み，勝敗を分ける重要な要因を次々と明らかにしています．現状を示すグラフ，勝敗に至る要因の構造を示すグラフで勝利へのヒントを示し，現実の課題に統計思考力で問題解決を実践したプロセスが伝わってくる優れた作品です（パソコン統計グラフの部）．

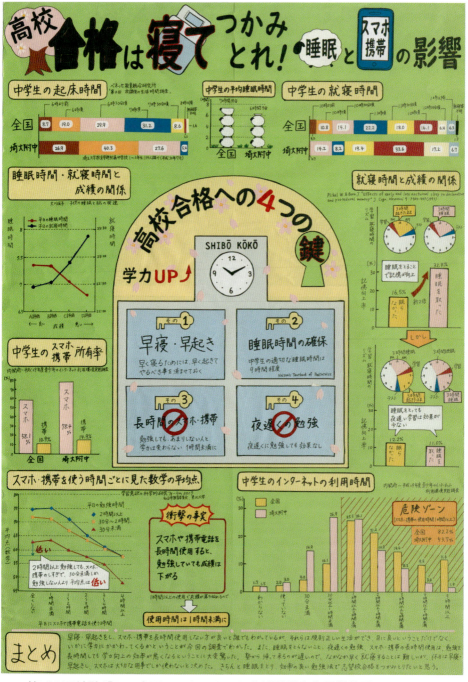

第66回統計グラフ全国コンクール　日本統計学会会長賞作品　(p.225 参照)

中学生の作者の最大の関心事である高校受験.公表されている全国調査結果や先行研究の結果と学校での実態調査結果に基づいて,合格への鍵を分析によって導きました.複数の統計を組み合わせ結論を導く科学的思考力が光る優れた作品です(中学生の部).

第66回統計グラフ全国コンクール　日本品質管理学会賞作品 （p.225 参照）

小学生の作品とは思えない優れた作品です．世界の貧困の現状の中で日本の食品ロスの問題の重要性を統計数字と同級生へのアンケート調査で明らかにしています．「出来ることは毎日の食事への感謝」だという小学生の素直な主張に繋げており，統計グラフによるストーリーテリング力が評価されました（小学5・6年生の部）．

改訂版
日本統計学会公式認定
統計検定4級対応
データの活用

日本統計学会 編

東京図書

R 〈日本複製権センター委託出版物〉
本書を無断で複写複製（コピー）することは、著作権法上の例外を除き、禁じられています。
本書をコピーされる場合は、事前に日本複製権センター（電話：03-3401-2382）の許諾
を受けてください。

改訂版
日本統計学会公式認定
統計検定4級対応

データの活用

まえがき

　本書は，統計的思考力がますます重要となる時代の中で，日本統計学会が実施する「統計検定」のうち4級の内容に合わせて執筆したものです．平成29年に改訂された小，中，高等学校の学習指導要領では，統計的内容が大きく取り入れられ，中学校の数学では「データの活用」という領域が新しく設けられました．本書で取り上げたたくさんの実例やグラフ，練習問題を通じて，この領域を楽しく勉強することができます．統計の知識や考え方が，実際の生活の中でとても役に立つこともわかってもらえることと思います．

統計検定の概要

　日本統計学会が2011年に開始した統計検定の目的のひとつは，統計の知識や理解度の評価を通して，統計的に考え問題を解決する力「統計的思考力」をつける機会を広く提供することにあります．小学校から高等学校まで継続して算数・数学の授業の中で学ぶ統計の知識は，社会人として私たちが生きていくうえで大変重要なものです．勉強や，仕事，日常の生活の様々な場面で直面する出来事を判断し，問題を解決していくには，統計的思考力が必要となります．これらの力を評価する資格が統計検定です．

検定の種類

統計検定では以下の種別の試験が行われます.

4 級	データや表・グラフ, 確率に関する基本的な知識と具体的な文脈の中での活用力
3 級	データ分析において重要な概念を身に付け, 身近な問題に活かす力
2 級	大学基礎統計学の知識と問題解決力
準 1 級	統計学の活用力 ― データサイエンスの基礎
1 級	実社会の様々な分野でのデータ解析を遂行する統計専門力
統計調査士	統計に関する基本的知識と利活用
専門統計調査士	調査全般に関わる高度な専門的知識と利活用手法

（2019 年 12 月現在）

また, 4 級は検定試験のほかに次の活動賞も授与されています.

4 級活動賞 「統計グラフ全国コンクール」（主催：公益財団法人統計情報研究開発センター）応募作品のうち, 中央審査に出品された作品の作成者および「国際統計ポスターコンクール」に日本代表として出品された作品の作成者に「統計検定 4 級（活動賞)」が贈られます.

4 級試験の実施趣旨

ポスト高度情報化社会では, 確かな統計データと分析に基づいて社会の発展に寄与する科学者や技術者や, テレビや新聞・雑誌, インターネットなどの身の回りの表やグラフを読みとり, それらを用いて論理的な議論ができる社会人が求められています. そのため, 世界中の多くの国の小学生や中学生が,

- 身近な問題に対してデータを通じて正しく理解する態度
- 得られたデータのまとめ方やグラフ・表などの表現方法
- 適切なデータ収集方法に関する，実験や調査・観察の基礎知識
- 母集団と標本の基礎概念（標本誤差の知識など）
- 不確実な事象の起こりやすさの確率を用いた表現方法

を毎学年継続的に勉強しています．また，その到達度が，PISA や TIMSS などの国際学習到達度調査の「数理リテラシー」，「科学リテラシー」，「文章リテラシー」のどの領域にも関連して，評価されています．残念ながら，日本の小中学生は，この領域があまり得意ではありません．

　統計検定 4 級試験は，主に国際的通用性の視点から，中学校卒業段階までに求められる統計表やグラフ，確率，調査・実験の基礎と活用に関する学習の理解度を評価し，認証するための検定試験です．

検定内容

試験問題は次の 3 つの観点から出題されます．
（1）基本的な用語や概念の定義を問う問題（統計リテラシー）
（2）基礎的な用語の解釈や 2 つ以上の用語や概念の関連性を問う問題（統計的推論）
（3）具体的な文脈に基づいて統計の活用を問う問題（統計的思考）

具体的には以下の内容を含みます.

- 基本的なグラフの見方・読み方
  （棒グラフ・折れ線グラフ・円グラフなど）
- データの種類
- 度数分布表
- ヒストグラム（柱状グラフ）
- 代表値（平均値・中央値・最頻値）
- 分布のちらばりの尺度（範囲）
- クロス集計表（2次元の度数分布表・行比率・列比率）
- 時系列データの基本的な見方（指数・増減率）
- 確率の基礎
- 標本調査

問題形式：4～5択式の問題
問題数：30問程度
試験時間：60分

本書を通じてこれらの内容を楽しみながら学んで下さい.

一般社団法人　日本統計学会

会　長　川崎　茂

理事長　山下智志

一般財団法人　統計質保証推進協会

出版委員長　矢島美寛

目次

まえがき …………………………………………………………… iv

第 1 章　統計の役割　　　　　　　　　　　　　　　　　　　　 1

❶ 統計とは………………………………………………………　2
❷ 統計的問題解決のプロセス…………………………………　4
❸ 統計分析………………………………………………………　8
❹ 基本的なグラフ………………………………………………　10
　　1　棒グラフ
　　2　折れ線グラフ
　　3　複合グラフ
　　4　円グラフ
　　5　帯グラフ
　　6　その他の統計グラフ
❺ データの探し方………………………………………………　32
練習問題 ▶ 基本的なグラフ……………………………………　46

x 目 次

第2章　データのばらつきの表し方　　　51

❶ データの種類…………………………………………………… 53
❷ 質的データの分析……………………………………………… 55
　　1　度数分布表
　　2　絵グラフ
　　3　質的データの度数を示す棒グラフ
　　4　パレート図
　　5　クロス集計表
　練習問題 ▶ 質的データの分析 ………………………………… 70

❸ 量的データの分析……………………………………………… 76
　　1　度数分布表
　　2　ヒストグラム
　練習問題 ▶ 度数分布表とヒストグラム ……………………… 94
　　3　数値による分布の要約
　　4　量的データを分析するためのその他のグラフや指標
　練習問題 ▶ 量的データの分析 …………………………………120

第3章　時系列データの基本的な見方　　　131

❶ 時系列データ……………………………………………………132
❷ 移動平均…………………………………………………………138
❸ 指数・増減率・成長率…………………………………………140
　　1　指数
　　2　増加（減少）率
　　3　成長率
　練習問題 ▶ 時系列データ ………………………………………146

第4章　確率の基礎　　　149

❶ 起こりやすさを考える…………………………………………150
❷ 理論的確率………………………………………………………152
❸ 経験的確率………………………………………………………156
　練習問題 ▶ 確　率 ………………………………………………162

第 5 章　標本調査 ―データの集め方　　165

　❶ 母集団と標本………………………………………………… 166
　　　1　母集団と標本
　　　2　統計的推測と標本誤差
　❷ 標本抽出と調査の方法……………………………………… 168
　　　1　標本抽出（サンプリング）
　　　2　BB 弾によるサンプリング実験
　　　3　単純ランダムサンプリング法（単純無作為抽出法）
　　　4　応用的な無作為標本抽出法
　　　5　調査の方法
　練習問題 ▶ 標本調査 ………………………………………… 180

第 6 章　総合問題　　183

解　答　　207

付　録　　223

　A　「統計グラフ全国コンクール」について …………………… 224
　B　「科学の道具箱」について
　　　　〜コンピュータで統計グラフを作ってみよう〜 ……… 226

索　引　　230

本書で使用しているイラスト，トースター＆スタッツは
大学共同利用機関法人 情報・システム研究機構 統計数理
研究所の統計教育普及等のためのキャラクターです。

ちょこっと！コラム インデックス

▶ PPDAC サイクルを実践した日本女子バレーボールチーム …………… 7
　玉川学園　学園メディアリソースセンター長　伊部敏之

▶ へその高さと身長は黄金比になるの？ ………………………………… 40
　愛知教育大学数学教育講座准教授　青山和裕

▶ 海外の中・高校生に追いつけ，追い越せ ……………………………… 42
　東京学芸大学大学院教授　西村圭一

▶ 政府統計の総合窓口（e-Stat）で統計を楽しもう！ ………………… 44
　総務省統計局統計情報システム課

▶ 分布の特徴をとらえる 3 つのポイント ………………………………… 66
　茨城大学教育学部教授　小口祐一

▶ データの表現を換えてみると新たな発見が！ ………………………… 68
　宇都宮大学教育学部講師　川上　貴

▶ 年齢の違う集団の反応時間を比較してみよう！ ……………………… 90
　お茶の水女子大学附属中学校教諭　藤原大樹

▶ データからみえる家電製品の省電力化 ………………………………… 92
　静岡大学教育学部教授　柗元新一郎

▶ データからみえる"未来"とつくる"未来" ………………………… 136
　文部科学省国立教育政策研究所学力調査官（教育課程調査官）　佐藤寿仁

▶ モンティホール問題 〜勘より数学〜 ………………………………… 158
　筑波大学附属桐ヶ丘特別支援学校教諭　中本信子

第1章
統計の役割

P

C

A   D

1 統計とは

Numbers telling tales

　統計は，主として数字で表される情報を扱う学問です．そして，統計では，数字を単なる数としてみるのではなく，その後ろに隠れているデータの文脈（コンテクスト）とともにとらえ，読みとることが必要です．数だけを見ていたのでは，それは単なる数字でしかありえません．ところが，数字をその背景にある事柄といっしょに見ると，数字でしかなかった数が，具体的な情報を語りはじめるのです．ある地方の降水量の値は毎年同じような数字かもしれません．しかし，その時期の気温や，ほかの地方の気候，世界的な異常気象の報告など，その数字の置かれている状況を知れば，新しい情報が見えてきます．数字の全体像をとらえるためには，その数字が作られた元のデータの背景を知る必要があるのです．

Statistics

　統計という語は，必要な情報を「統<ruby>す</ruby>べて計<ruby>はか</ruby>る」という意味に理解できます．辞書に示される「統べて」という言葉の意味は次の 2 つです．

❶ 全体をまとめて支配する，統轄する
❷ 多くの物を 1 つにまとめる

必要な情報の全体をとらえ，まとめる方法を統計は提供してくれます．

Uncertainty

　私たちの身の回りにはたくさんの情報があふれています．そのなかで，私たちは必要な情報を取捨選択し，それをもとに考え，物事を決めています．しかし，多くの場合，必要な情報をすべて正確に手に入れることは不可能です．私たちは，一部の情報しか手にすることができなかったり，集

めた情報が不確かであったりしても，その限られた情報をもとに考え，決断しなければなりません．そんなとき，あなたはどうしますか？サイコロを振って決めますか？えんぴつを転がして決めますか？統計はそんなときに役立つたくさんのアイデアを提供してくれます．数字とその背景の文脈を活用して，科学的に不確かな問題を解決してくれるのが統計です．

統計は，算数・数学の学習内容として学びますが，関連する科目はそれだけではありません．実験や観察をする理科や，調査結果から社会の様子を調べる社会科をはじめ，保健体育などほかの教科や総合的な学習とも関連の深い内容です．

Fun activity

統計の学習は，実際にデータを使って行います．グラフや表を作成して，データを基に分析した結果を発表することも重要です．

学習にあたっては本や教科書を読むだけではなく，コンピュータやインターネットも活用しましょう．たくさんのデータをまとめたり，グラフを描いたりするにはコンピュータが便利です．「科学の道具箱」や「センサス＠スクール」「なるほど統計学園」などインターネット上には，分析に使えるデータやツールも用意されています（1.5節参照）．これらを利用すると，実際にデータを集める方法や，データを整理してものごとの特徴を調べる方法，傾向や関係を調べるためのグラフの作り方などを学んでいくことができます．

データをグラフに表していろいろな発見をすることはとても楽しく，また将来，仕事や研究をするときに役に立ちます．

4　第 1 章　統計の役割

2 | 統計的問題解決のプロセス

　どんな分野の学習でも，基礎的な力を応用して考える力や判断する力，さらにはそれらを表現する力が必要とされます．実用的な学問である統計の分野は，とくに思考，判断，表現を通じて，具体的な問題を解決する力をつけることが学習の目標です．

　統計的問題解決は次のサイクルですすめましょう．

> **P**roblem 問題　：解決したい問題を整理する
> **P**lan 計画　：調査や実験をデザインする
> **D**ata データ　：データの収集と整理
> **A**nalysis 分析　：データの分析
> **C**onclusion 結論：結論をまとめ判断する

　それぞれのステップの頭文字をとって PPDAC サイクルとも呼ばれています（図 1.2.1）．

　これらの 5 つのステップをくり返し実行することで，統計的な問題解決が可能になります．これには，統計の基礎知識をもとに，具体的な課題に合わせて考える力「統計的思考力」がとても重要です．

図 1.2.1　PPDAC サイクル（センサス@スクールパンフレットより）

6 　第 1 章　統計の役割

　統計検定には，統計的思考力を試す問題や実際の問題を統計的に解決する問題も出題されます．統計的思考力を問う問題では，

- 問題解決のサイクルを理解している
- データの集め方を振り返って批判的にみることができる
- 分析の手法を説明できる
- 結果の解釈について説明し，自分の意見をまとめることができる

などの力が求められます．基礎的な学習を終えたら，ぜひそれらの力を応用して，総合問題にも挑戦してみましょう．

PPDACサイクルを実践した 日本女子バレーボールチーム

玉川学園　学園メディアリソースセンター長　伊部敏之

2012年の夏，ロンドンオリンピックが開催され，日本は史上最多の38個のメダルを獲得し大いに盛り上がりました．その中でもバレーボール女子チームは，28年ぶりのメダル（銅メダル）に輝き，多くの人たちに感動を与えました．監督の真鍋政義氏が試合中にタブレット型情報端末（iPad）を手に持って，常に新しい情報を確認しながら選手に声をかけていた姿が話題になりましたが，真鍋氏はチームを率いた当初からデータを活用していました．過去のデータはもちろんのこと，試合中に刻々と変化する様々なデータをも確認しながら試合を戦っていたのです．

試合中，「データを収集し，それを分析して新たな戦略を考え，実践する」「そこで新たに発生した問題を解決するためくり返し行う」というプロセスは，コートサイドのデータの収集・分析担当者と監督の連携によるものでした．これはデータを使用した統計的問題解決のプロセスと同じ考え方であり，PPDACサイクル（p.5参照）を実践したことになります．

"小さな日本人が世界を相手にどう戦うか！"
今回のメダル奪取の背景には選手たちの地道な努力と共に，データ活用と選手・監督・スタッフの連携が実を結んだものと考えられます．

8　第1章　統計の役割

3 　統計分析

　統計的思考力は，生活の様々な場面で求められます．たとえば，病気の患者さんに多くの薬の中からどの薬を処方するかを決める場合，医者は直感や雰囲気で決めるのではなく，それまでの経験とデータをもとに判断します．降水確率も野球の打率も，過去の統計データをもとに算出された，根拠のある値です．統計分析の手法を用いれば，客観的で科学的な仮説を立てたり結論を導いたりすることができます．

　では，統計分析はどのようにして行うのでしょうか？　統計的にものを見るとはどういうことでしょうか？

▶ データを準備する

　まず，統計分析にはデータが必要です．データは次のような表の形式に整理できます．

　表1.3.1では，列ごとに指定された項目の値が，1行に1件ずつあります．1行のデータは1件のデータとしてつながっています．データを並べ替えたり，分類するときも行ごとにまとめて作業をします．　表に整理されたデータの個々の値を，統計学では観測値といいます．たとえば鈴木さんの通学時間の観測値は15分です．

表 1.3.1　表によるデータ整理の例

列：データの項目

番号	名前	性別	好きな科目	通学手段	通学時間
1	鈴木愛理	女	社会	徒歩	15分
2	山田　奏	男	理科	バス	25分
⋮	⋮	⋮	⋮	⋮	⋮

行：1件分のデータ

▶ ばらつきを調べる

データはいろいろな値をとりますが，このことを「データがばらつく」といいます．ばらつきの様子や程度をグラフや数値で表現することにより，データの全体像を把握することができるので，ばらつきを調べることは大変重要です．

統計では，ばらつきの様子を「分布」という言葉で表します．たとえば，図 1.3.1 はある町の高校生 68 人を無作為に選んで調べた通学手段の分布を示すグラフです．通学手段は全員同じではなく，その他を含む 5 種類の値にばらついています．最も多いのは自転車通学で，全体の約 4 割がこの値に集中しています．

「68 人のうち 4 割の人が自転車通学している」という結果をもとに，この町全体の高校生についても 4 割程度の人が自転車通学していると予測することもできます．

別の町の高校生との違いを分析するためには，ばらつきの様子からそれぞれの全体像をとらえて比較することが大切です．ばらつきについては 2 章で詳しく学習しましょう．

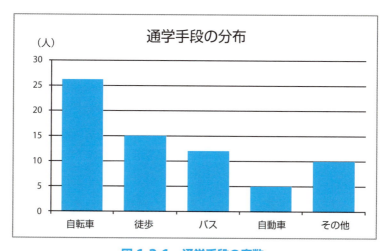

図 1.3.1　通学手段の度数

10 第1章 統計の役割

▶ 記述統計と推測統計

統計分析は大きく，記述統計と推測統計に分類されます．

記述統計：手元にあるデータの持つ情報を明らかにするための分析
推測統計：手元にあるデータは全体の一部と考え，一部のデータから
手元にない全体を推測する分析

統計は，手元のデータの情報を明らかにするためだけの道具ではありません．データをもとに新しい情報を予測して，様々な判断，意思決定に活用できます．

統計検定4級の内容は，ほとんどが記述統計の範囲です．推測統計の勉強は高等学校など次のステップになりますが，ばらつきの意味やとらえ方，確率の考え方は推測統計を行うための基礎になります．統計分析は記述統計で終わるのではありません．データを集める際にも，分析の結果を解釈する際にも，データそのものや分析の結果をもとに，どんなことが推測できるのかを考えるようにしましょう．

4 ‖ 基本的なグラフ

グラフは，データ全体の傾向や特徴を見やすくするための道具です．集めたデータを目的に合った形に整理しグラフを活用することにより，状況を的確にとらえやすくなり，他の人にデータの内容を伝えるためにも役立ちます．

ただし，グラフにもデータにもいろいろな種類があります．データに合わないグラフや表を選んだり表現方法を間違えたりすると，データの持つ傾向を見誤ってしまうこともあるので，注意が必要です．

4　基本的なグラフ　11

グラフの作成や読み取りに関するポイント

Point1! データの種類を適切に判断する

Point2! データの種類と内容にあったグラフを選択する

代表的なグラフとその用途	
棒グラフ	数量の大小を比較する際に用いられるグラフ 棒の高さが量を示している
折れ線グラフ	数量の時間的な変化を示す際に用いられるグラフ
複合グラフ	棒グラフと折れ線グラフを 1 つにまとめたグラフ 例：雨温図（p.20 参照）
円グラフ 帯グラフ	全体に対する割合を表す際に用いられるグラフ

1 棒グラフ

　棒グラフは，数量の大小を比較するのに適しています．棒の高さや長さが数量を表すので，簡単に比較できます．たとえば，世界の山と富士山の高さを比べるときは，表 1.4.1 で数値を見比べるよりも，図 1.4.1 の棒グラフのほうがわかりやすいですね．世界ランキング 5 位までの山と富士山とではだいぶ標高に差があることが一目でわかるでしょう．

表 1.4.1 世界ランキング 5 位までの山と富士山の標高

山	標高（m）
エベレスト	8,848
ゴドウィンオースチン	8,611
カンチェンジュンガ	8,586
ローツェ	8,516
マカルウ	8,463
富士山	3,776

（出典：総務省統計局「世界の統計 2018」）

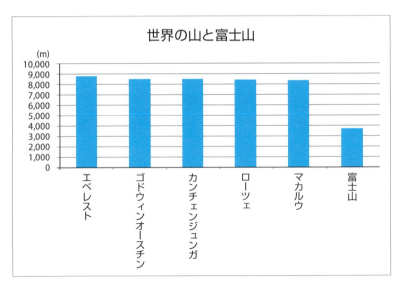

図 1.4.1 世界ランキング 5 位までの山と富士山の標高の棒グラフ
（資料：総務省統計局「世界の統計 2018」）

▶ 並び順に注意！

棒グラフは，棒の並び順によって見え方が変わります．図 1.4.2 や図 1.4.3 のように，横軸の内容に順序がない場合には，棒の並び順を変更してもかまいません．図 1.4.2 のように分類や種類の違い（カテゴリー）の内容に合わせて並べたり，図 1.4.3 のように棒を大きい順（あるいは小さい順）に並べるなど，読み取りやすい工夫をしてみましょう．

**図 1.4.2　値の大小ではなく
日本，北米，ヨーロッパの順で横軸を並べた棒グラフの例**
（資料：総務省統計局「世界の統計 2019」）

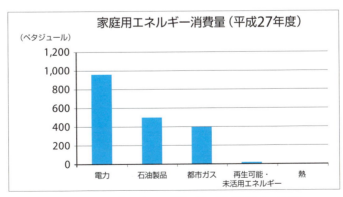

図 1.4.3　値の大きい順に並べた棒グラフの例
（資料：総務省統計局「第 67 回 日本統計年鑑」）

また，棒グラフは図 1.4.4 のように棒を横向きにすることもあります．縦向きと区別して，横棒グラフと呼ばれます．

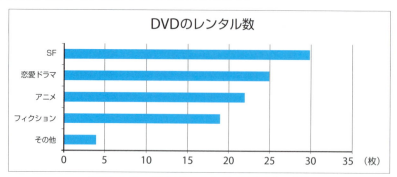

図 1.4.4　横棒グラフの例（仮想データ）

複数系列の棒グラフ

1 種類の値だけではなく，何種類かの値を同時にグラフ化し，複数系列のグラフを作成することもできます．図 1.4.5 は，2007 年と 2017 年の失業率の棒グラフです．棒を色分け（あるいは塗りつぶしのパターン分け）して，1 つのグラフにまとめて比較します．ただし，あまり棒の数が多くなりすぎると逆に比較しにくくなりますので，注意しましょう．

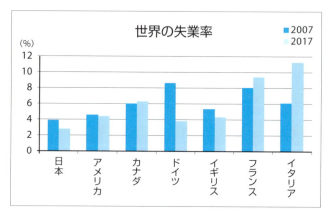

図 1.4.5　複数系列の棒グラフの例
（資料：総務省統計局「世界の統計 2009」「同 2018」）

2 折れ線グラフ

　折れ線グラフは，時間とともに数量が変わる様子を表します．異なる時点で測定された値（数量）が，どのように変化するかを見ることができます．細かい時間ごとの短期的な変動だけではなく，長期的な傾向（トレンド）を読み取ることもできます．

▶ 横軸は時間軸，縦軸は数量

　図 1.4.6 に示す折れ線グラフは，あるサッカーチームの観客動員数の推移（仮想データ）を示しています．横軸が年（時間）を示し，縦軸が人数（数量）を表します．2011 年から 2012 年にかけて観客動員数が増加していること，逆に 2013 年以降は減少傾向であることがわかります．

図 1.4.6　折れ線グラフの例

　折れ線の傾きで，変化の大きさを見ることができます．傾きが急な場合は増加量（または減少量）が大きく，ゆるやかな場合は増減量が小さいことを意味します．

横軸の区間ごとの折れ線の傾きは，$\dfrac{縦軸の値の変化量}{横軸の値の変化量}$ になります．ただし，横軸の目盛が等間隔に設定されていないと，傾きで比較することができなくなるため，折れ線グラフの横軸は図 1.4.6 に示すように等間隔に目盛を設定しましょう．

▶ 複数系列の折れ線グラフ

複数のチームを比較するには，1 つのグラフに複数の折れ線を描きます．図 1.4.7 では A チームと B チームの観客動員数の変化を見ることができます．A チームが 2013 年以降観客動員数を減らしているのに対して，B チームは 2012 年から増加の傾向を示しています．また，B チームは 2015 年から 2016 年にかけて値に変化がありません．このように値に変化がない場合には折れ線グラフの傾きはゼロになります．

図 1.4.7　複数系列の折れ線グラフの例

比較が難しいとき

折れ線グラフは，線の色や種類を分けて，複数のデータを 1 つのグラフにまとめて表現しますが，注意しなければならないこともいくつかあります．

図 1.4.8 の場合，C チームの観客動員数は他 2 チームと比べて少ないため，値の変化が細かく表現できなくなります．

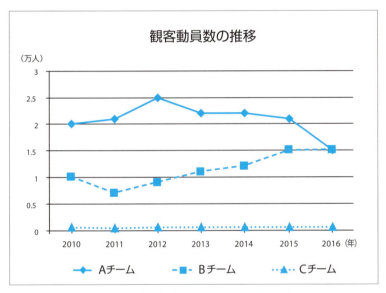

図 1.4.8　複数系列のグラフの例

このような場合には，値の小さいデータには別の単位の軸を対応させるなどの工夫が必要です．

左右の軸を活用しよう

　図 1.4.9 は，観客動員数の少ない C チームだけ右の軸の目盛りに対応させて描き直したグラフです．図 1.4.8 と図 1.4.9 はまったく同じデータを使ったグラフですが，見え方がずいぶん違います．値は小さいですが，C チーム のお客さんの数が増加している傾向を見ることができます．

図 1.4.9　左右の軸を活用した折れ線グラフの例

誇張されたグラフに注意

　グラフは軸の目盛の調整により，見やすくすることができます．傾向を読み取りやすくする工夫は大切ですが，時には傾向を誇張するために極端な加工が行われている場合もあるため，注意しましょう．

図1.4.10のグラフは，図1.4.9とまったく同じAチームの観客動員数のデータをもとに作られたグラフです．縦軸の目盛の範囲とグラフ全体の縦横比を変更して縦長にしただけですが，下のグラフだけを見せられると，Aチームのお客さんの数が激しく変化しているように見えるでしょう．
　「Aチームの観客激減！経営的に存続困難か?!」などの見出しといっしょに新聞や雑誌に掲載されたら，ファンはびっくりするでしょう．

図1.4.10　変化を誇張したグラフの例

　このように，統計グラフは見やすくするためにいろいろな工夫ができることを理解すると同時に，その工夫にだまされない力をつけることも大事です．図1.4.9のように，値の小さいCチームの変化を見やすくすることもできれば，図1.4.10のように変化を誇張することもできるのです．グラフだけを見るのではなく，軸やタイトル，見出し，元の数値，単位などもよく見て判断するようにしましょう．

3 複合グラフ

棒グラフと折れ線グラフを1つにまとめたグラフを複合グラフといいます．たとえば地域ごとの降水量と気温を比較する雨温図は，降水量を棒，気温を折れ線で表現した複合グラフの1つです．

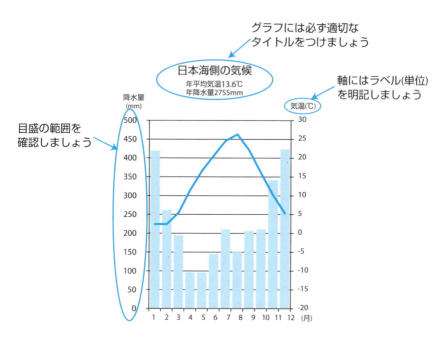

図 1.4.11　新潟県高田市の 1981 ～ 2010 年の気温と降水量の月別平均値
（資料：気象庁）

▶ Excel 2019（Microsoft® Excel）による複合グラフの描き方

Excel 2019 で複合グラフを描くには次のように操作しましょう．

❶ **降水量と気温のデータを選択**
❷ **挿入メニューから組み合わせグラフ**  **を選択する**
❸ **ユーザー設定の複合グラフを作成する**

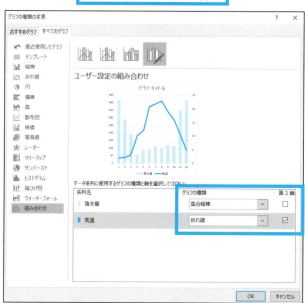

❹ **グラフの種類を指定する**（降水量：集合縦棒，気温：折れ線）
❺ **軸を設定する**（気温：第2軸）
❻ **タイトルをつける**（デザインメニューからグラフ要素を追加：タイトル）
❼ **軸の目盛りを変更する**（軸を選択して書式設定，軸のオプション：最大値・最小値）
❽ **軸のラベルをつける**（デザインメニューからグラフ要素を追加：軸ラベル）

4 円グラフ

円グラフは，全体に対する割合を視覚的に表現するグラフです．扇形の中心角の大きさで各カテゴリーの割合を表します．

▶ 量の比較から割合の比較へ

図 1.4.12 の上部のグラフは，携帯電話の平成 27 〜 28 年の売上高を表示した横棒グラフです．NTT ドコモがトップで他社とどう違うのかが一目でわかります．このように売上高そのものを比較する場合には棒グラフが適していますが，同じデータを使って円グラフを描くと（下部のグラフ），割合に焦点を当てた表現になります．

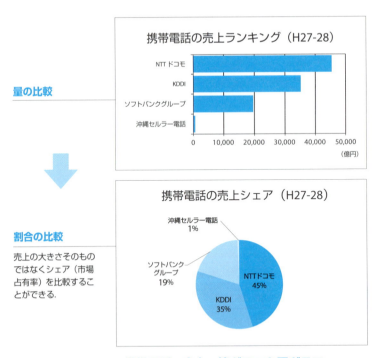

図 1.4.12 携帯電話の売上の棒グラフと円グラフ
（資料：業界動向サーチ）

5 帯グラフ

　割合の表示には，円グラフのほかに帯グラフも適しています．図 1.4.13 は職業別の就業者数を男性と女性で比較した帯グラフです．男性，女性それぞれの総就業者数に対する割合で帯の幅が決まります．ここでは，実際の値（人数，千人単位）を帯の中に示しています．たとえば専門的・技術的職業に従事している人の数は男性 577 千人，女性 509 千人と女性の方が少ないですが，割合で比較すると女性の方が多いことがわかります．このように，総数の異なる 2 つのデータを比較するには，割合を計算し，帯グラフ[1]を描くとよいでしょう．

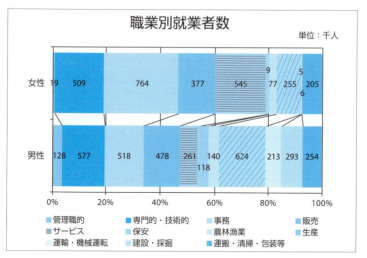

図　1.4.13　職業別就業者数（資料：総務省統計局「第 67 回日本統計年鑑」）

　図 1.4.14 は 1965 年からの日本の車の色の移り変わりをまとめた帯グラフです．各色の割合を表示することで，移り変わりがよくわかり，30 年以上のデータを比較することができます．

1　Excel では 100%積み上げ横棒グラフを選択すると帯グラフを作成できます．

第 1 章　統計の役割

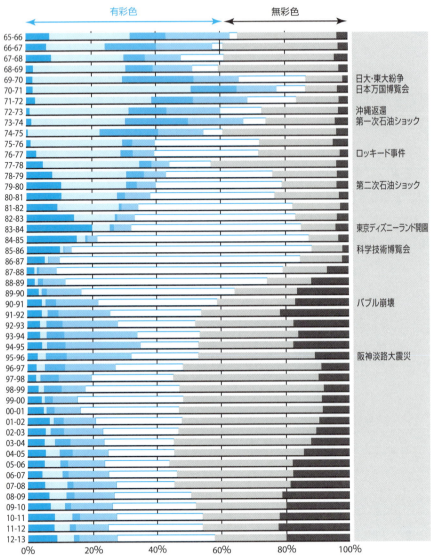

図 1.4.14　日本における乗用車のカラーシェアの変遷
（出典：一般社団法人 日本流行色協会（JAFCA）の車体色調査より）

6 その他の統計グラフ

集めたデータをすべてそのまま使うことは難しいことも多いため，集計する作業が必要になります．データの総数（総件数）や，女性のデータあるいは 10 代の人のデータなど，一定の範囲を決めて該当するデータの件数を数えてグラフ化することで，個別のデータを見るのではなく，全体をとらえることができるようになります．

集計結果をグラフに表す

アンケートの結果を公表する際にも，回答者の内訳は

- 女性 55 人，男性 70 人
- 10 代が 20 人，20 代が 30 人，30 代が 0 人で，40 代は 75 人で半数以上を占めている

などのようにまとめると，どんな人が回答してくれたのか把握しやすくなります．

性別	度数（人数）
女	55
男	70
計	125

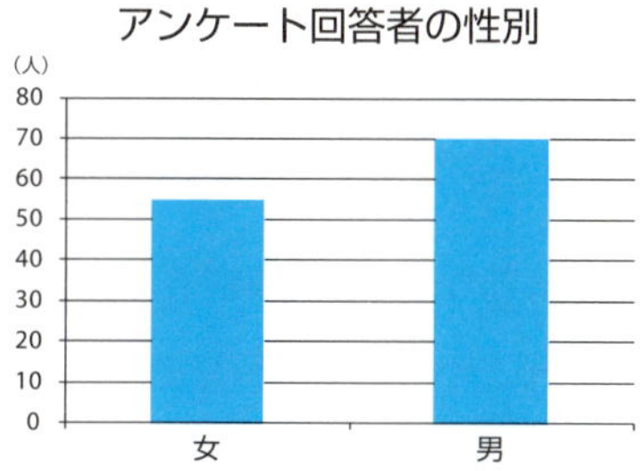

年齢	度数（人数）
10代	20
20代	30
30代	0
40代	75
計	125

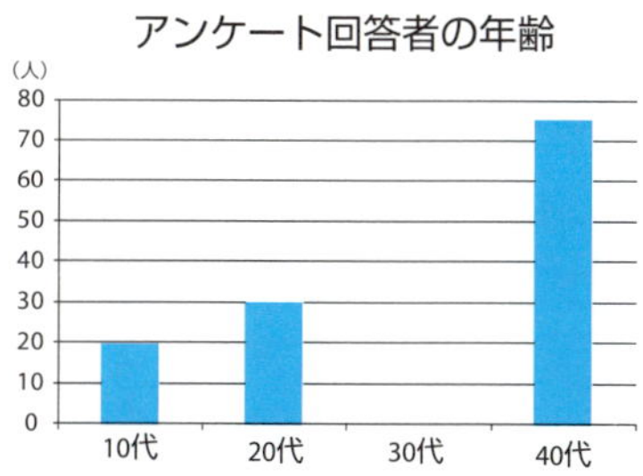

図 1.4.15　アンケートの集計表とグラフ

26　第1章　統計の役割

統計ではこの度数をもとにデータの全体を分布としてとらえることが大変重要です．分布とは，データとして，どんな値がどんな頻度で現れるかを表す言葉です（P.9 参照）．

分布は図1.4.15のように棒グラフに表すことで把握しやすくなります．棒が高くなっているところにはデータが集中していることを意味します．ある特定の値にデータが集中しているということは，データ全体のばらつきが小さいことを意味し，特定の値に集中することなく，全体的にばらけたグラフの場合は，ばらつきが大きいことを表します．

度数の数え方や，グラフの作成の方法については，第2章「データのばらつきの表し方」の章で詳しく勉強しましょう．ここではどんなグラフがあるかをいくつかの例をあげて紹介します．

度数をデータ全体の総件数で割って割合として表したものを相対度数と呼びます．

$$相対度数 = \frac{度数}{データの総件数}$$

また，統計学の用語では，データの総件数をデータの大きさと呼びます．

■ データの種類ごとに集計して分布を表現した棒グラフ

図1.4.16 はある学校の保健室を利用した理由ごとに数えた人数（度数）を棒に表したグラフ（大きい順）です．横軸は保健室を利用した理由の種類，縦軸は度数を示します．この場合は，横軸の種類には順序に意味がないため，並べ替えることができます．度数の大きい順に並べると，どの理由にデータが集中し，どのようにばらついているのかを一目でとらえることができるようになります．

この棒グラフはデータの件数を集計した結果を棒に表している点が，図1.4.1(p.12) に示した棒グラフのように，値そのものを棒に表現したグラフとは異なります．

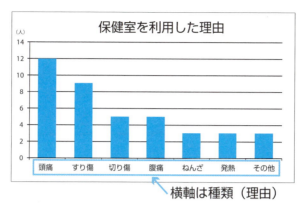

図 1.4.16　保健室を利用した理由

▌ データの数値ごとに集計して分布を表現した棒グラフ

　図 1.4.17 はある小学校の 1 年生のクラスで調査した，竹馬で歩けた歩数の分布を示す棒グラフです．横軸は数値(歩数)，縦軸は度数を示します．棒の幅に意味はありません．たとえば，竹馬で 2 歩歩けた生徒の数が最も多く，10 人であることがわかります．

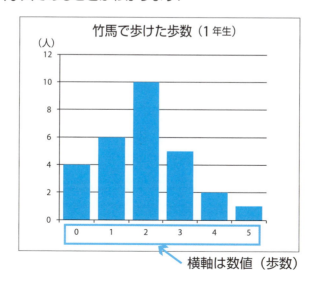

図 1.4.17　竹馬で歩けた歩数（小学 1 年生）

分布を表現した折れ線グラフ（度数折れ線）

竹馬で歩けた歩数の範囲ごとに数え上げた人数を線分で結んでいくことにより折れ線で表現したグラフ．度数多角形とも呼ばれます．

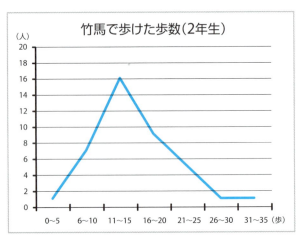

図 1.4.18　竹馬で歩けた歩数（小学 2 年生）

図 1.4.18 では，歩数を 0～5 歩，6～10 歩，11～15 歩のように範囲に分けて度数を示しています．また折れ線は，たとえば，0～5 歩の人 1 人と 6～10 歩の人 7 人を線分で結んでいます．

幹葉図

データの件数を数えるのではなく，数字を幹の桁と葉の桁に分けて積み上げ，分布を表現したグラフです．図 1.4.19 は，体重測定の結果を 10kg 刻みに分けて幹を作成し，一の位の数を葉の部分に書いたものです．たとえば 39kg のデータは，10 の位の数 3 の幹の右に 9 という葉を書きます．

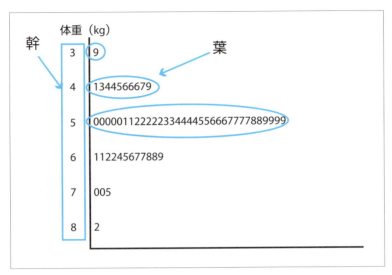

図 1.4.19 体重の幹葉図

　この図は，コンピュータを用いて描いたために値が小さい順に並んでいますが，手で描くときはデータの現れる順に値を書いてもかまいません．
　たとえば，次のデータを手描きで幹葉図に整理するとき，

　　　5, 13, 8, 23, 17, 6, 15, 18, 21, 14

最初から順番に

　　　0|586
　　　1|37584
　　　2|31

と書くと簡単に分布の様子がわかります．葉の値はこの後で並べ換えると間違いが少なくなります．

　図 1.4.20 のように背中合わせに 2 つのグラフを張り合わせると，グループどうしの比較ができます．

女		男
9	3	
965443	4	1667
999877755443222211000	5	0022344666789
721	6	1245677889
	7	005
	8	2

図 1.4.20　男女別体重の幹葉図

これらのグラフは,「科学の道具箱」(図1.4.21) を使うと簡単に描くことができます.「科学の道具箱」では,いろいろな種類のグラフを簡単に作成することができるので,次節の「5 データの探し方」を参考に作ってみてください.

図 1.4.21　科学の道具箱　グラフ作成ソフトのメニュー画面
https://rika-net.com/contents/cp0530/contents/05.html よりダウンロード可

4 基本的なグラフ

5 データの探し方

統計的に問題を解決するためには，客観的なデータが必要です．そのためにはアンケートや実験を行って自分自身でデータを集めたり，行政機関や民間機関が行った統計調査の結果を利用したりします．インターネット上のサイトからいろいろなデータを集めることもできます．

1 なるほど統計学園（https://www.stat.go.jp/naruhodo/）

「なるほど統計学園」は，総務省統計局が主に子供向けに統計データを提供しているサイトです．分野別，あるいは都道府県別に多くのデータが公開されていて，必要な場合は元になる調査データにも簡単にアクセスできます．

図 1.5.1 「なるほど統計学園」ホームページ

図 1.5.1 の初期画面から「探す・使う・作る」をクリックし，「探してみよう統計データ」→「分野別にみる」と進むと，次の 23 分野別の統計表やグラフを見ることができます．

1. 国土・気象
2. 人口
3. 労働・賃金
4. 国民経済計算
5. 企業活動
6. 農林水産業
7. 工業
8. エネルギー・水
9. 運輸
10. 商業・サービス業
11. 貿易・国際協力
12. 金融
13. 財政
14. 物価・地価
15. 家計
16. 住宅
17. 社会保障
18. 保健衛生
19. 教育
20. 文化
21. 選挙
22. 環境
23. 災害・事故

図 1.5.2 世界の都市と東京の気温

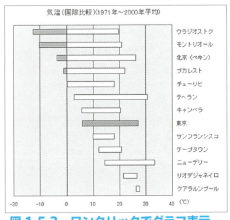

図 1.5.3 ワンクリックでグラフ表示

たとえば「1.国土・気象」では，県の広さ，日本の広さ（他の国と比べる）などのデータを見ることができます．

さらに「1-8 気温（国際比較）」に進むと図 1.5.2 の画面になります．画面上部の グラフを見る ボタンをクリックすると図 1.5.3 に示すグラフが表示され， ダウンロードする ボタンをクリックするとデータを取得することができます．

この本に出てくるデータのいくつかも，なるほど統計学園のサイトから集めています．皆さんもぜひ，参考にしてください．

探してみよう統計データ

統計データってたくさんあるよね.

「なるほど統計学園」では,
知りたいことからでも,調べたい分野からでも,
統計データを探せるんだ.

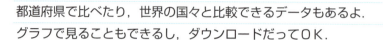

都道府県で比べたり,世界の国々と比較できるデータもあるよ.
グラフで見ることもできるし,ダウンロードだってOK.

「出典の統計表」を見ればもっと詳しいことがわかっちゃう.

　　　　　　さあ,さっそくやってみよう.

　　　　　　　　　　　　　　なるほど統計学園「探す・使う・作る」

2　科学の道具箱（https://rika-net.com/contents/cp0530/contents/index.html）

　「算数・数学の資料の活用やデータ分析のための科学の道具箱」は，データ分析を楽しく学ぶことのできる学習ソフトで，データを使っていろいろなグラフを作成するツールが用意されています．使われているデータはどれも実際のデータで，ダウンロードすることもできます（付録 B 参照）．

　「科学の道具箱」の Web サイトから，「データライブラリ」を選択してみましょう．

図 1.5.4　科学の道具箱のコンテンツ一覧

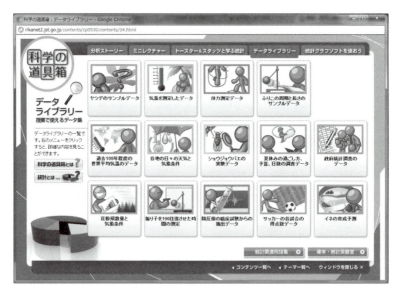

図 1.5.5　科学の道具箱のデータライブラリー

花粉の飛散量やサッカーの試合結果など様々なデータが用意されていますね．ここからほしいデータを選択してダウンロードのボタンを押すと，Excel 形式のデータ（図 1.5.6）が取得できます．

チーム	試合	得点数	失点	PKゴール数	アシスト数	枠内シュート数	シュート	CK数	FK数	オフサイド数	ショートパス数	ロングパス数	クロス数	タックル数	被タックル数	ファウル数	被ファウル数	イエロー数	レッド数	順位
イタリア	7	12	2	1	9	48	83	44	8	34	2257	711	140	187	178	106	152	11	2	1位
フランス	7	9	3	2	5	35	77	41	2	29	2273	553	165	152	204	125	126	16	1	2位
ドイツ	7	13	6	0	8	50	113	33	8	21	2392	821	202	220	186	125	133	12	0	3位
ポルトガル	7	7	5	2	5	51	100	44	8	19	2547	674	166	167	194	121	116	24	2	4位
アルゼンチン	5	11	3	0	10	26	53	28	3	24	1923	510	93	140	131	101	106	12	1	ベスト8
ブラジル	5	10	2	0	8	37	68	31	6	15	2038	372	88	127	124	75	91	11	0	ベスト8
イングランド	5	5	2	0	3	29	67	30	4	10	1600	555	134	120	93	75	79	9	1	ベスト8
ウクライナ	5	5	7	1	3	26	56	19	3	13	1444	592	119	170	101	108	93	12	1	ベスト8
スペイン	4	9	4	3	4	35	69	37	5	3	1814	372	98	83	102	71	77	6	0	ベスト16
エクアドル	4	5	4	0	5	18	40	17	5	11	1356	375	59	91	113	79	62	9	0	ベスト16
メキシコ	4	5	5	0	5	21	46	22	4	5	1527	383	106	117	103	91	84	12	1	ベスト16
オーストラリア	4	5	6	1	2	27	54	20	4	9	1339	360	107	99	101	98	56	11	1	ベスト16
スイス	4	4	0	0	3	25	46	22	6	8	1420	423	92	109	101	64	73	12	0	ベスト16
ガーナ	4	4	6	1	2	23	61	17	2	25	1311	353	77	67	88	100	55	18	1	ベスト16
スウェーデン	4	3	4	0	3	24	49	30	3	7	1072	380	126	98	94	66	51	10	1	ベスト16
オランダ	4	3	2	0	2	26	50	19	7	12	1275	411	80	91	73	85	53	16	2	ベスト16

図 1.5.6　科学の道具箱のダウンロードデータ

3 センサス@スクール (https://census.ism.ac.jp/cas/)

「センサス@スクール」は，生徒たちがアンケート調査に参加したり，調査結果のデータを分析に活用したりできる統計学習用の環境を提供する国際的なプロジェクトです．イギリス，ニュージーランドなど8か国が参加しています（図1.5.7）．

センサス@スクールのWebサイトからオンライン調査に参加して，自分のデータや海外の同年代の生徒たちのデータを使って，統計を勉強することができます．アンケート調査の項目（図1.5.8）は，身近なものばかりです．サンプルデータをダウンロードして分析してみましょう．

図 1.5.7　センサス@スクールのWebサイトの初期画面

38　第 1 章　統計の役割

　図 1.5.8 に示すように，オンライン調査の項目には「性別」，「生年月日」
などの基本的な情報に加え，「利き手」や「反射神経」を問う設問も用意
されています.

図 1.5.8　センサス @ スクールのオンライン調査

「データサンプル」メニューを選択すると，国内あるいは海外のデータをダウンロードできます．データの件数は200までです．必要なデータ件数を指定して［抽出］をクリックすると図1.5.9のようなデータが表示されます．データの下にある「CSV形式抽出ファイルをダウンロードする」をクリックすると，ダウンロードができます．

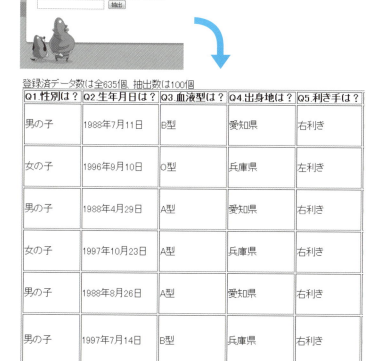

図1.5.9　センサス＠スクールのダウンロードデータ

個人情報の利用は，センサス＠スクールプロジェクト個人情報保護基本方針に従い，利用目的の達成のために必要な範囲に限り，生徒・教師の権利を損なわないように十分配慮しています．ダウンロードデータについても，個人を特定できるようなデータは含まれていません．

へその高さと身長は黄金比になるの？
～センサス@スクールを活用した教材例～

愛知教育大学数学教育講座准教授　青山和裕

「黄金比」は，およそ 1：1.618 という比のことですが，Suica，ICOCA などの IC カードの縦横のサイズ，ミロのビーナスなど芸術作品，植物の葉の並び方など自然界にも表れる不思議な数字です．床からへそまでの高さと身長も黄金比になるといわれています．では男の子と女の子では，どちらが黄金比に近いのかセンサスのデータを使って分析してみましょう．

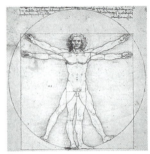
「ウィトルウィウス的人体図」
レオナルド・ダ・ヴィンチ

ステップ1：センサス@スクールからデータをダウンロードしよう．

ステップ2：ダウンロードしたデータから，Q1 性別，Q8 身長，Q9 へその高さのデータを取り出そう．

ステップ3：未入力の部分や身長なのに 15cm などおかしなデータがないかどうか全体を確認しましょう．おかしなデータが見つかったら，そのデータを含む対象（行）ごと削除しましょう．

ステップ4：男の子と女の子のデータを分けましょう．

ステップ5：身長のデータをへその高さで割りましょう．この数字が 1.618 に近いほど黄金比に近いということになります．

ステップ6：男女別にそれぞれ身長とへその高さの比について，代表値を求めたり，度数分布表，ヒストグラムにまとめてみよう（2.3節参照）．

ステップ7：男の子と女の子でどちらが黄金比に近いのか分析して，コメントをまとめよう．

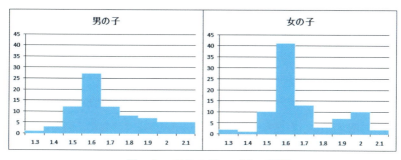

図　センサスのサンプルの結果

　上の図は試しにダウンロードしたサンプルのヒストグラムです．このサンプルでは，女の子の方が 1.6(黄金比) に集中していることがわかります．ほかにも，男の子は 1.7 ～ 2.1 までなだらかに分布しているのに比べて，女の子は 1.9 と 2 の所にもデータが集まっていますね．女の子には二極化の傾向があるのかもしれません．

海外の中・高校生に追いつけ，追い越せ

東京学芸大学大学院教授　西村圭一

> この町では，ここ何年かの間に多くの交通事故が起きている．議会は 10 万ポンドを計上して交通事故による死傷者の数を減らす対策を立てることになった．交通事故のデータを分析し，最も効果的な対策を作成しなさい．

　この問題は，イギリスの中学生用の教材です．下の図のソフトウェアを利用して，いつ，どこで，どのような事故が起きているかを分析し，適切な対策（たとえば，信号やガードレールの設置）を予算の範囲内で考え，グループで協力して説得力のあるプレゼンテーションを行います．このソフトウエアの日本語版は，Bowland JAPAN（https://bowlandjapan.org）で無料公開されています．

諸外国では，データを探索し，傾向をとらえ，データに基づいて判断や提案をする力の育成が図られているのを受け，東京都総務局統計部では，日本の子どもにもそのような力をつけてほしいと，「まなぼう統計」というWebページを作成しています．
http://www.toukei.metro.tokyo.jp/manabou/ma-index.htm

中学生のSTEP3にある教材『やってみよう！統計ミッション』では，飲料メーカーの社員の立場でデータを分析します．「自動販売機を新たに設置する場所はどこがよいか」について前述の教材と同様，コンピュータでデータをグラフ化したり，層別したりしながら考えます．あなたも挑戦してみましょう．

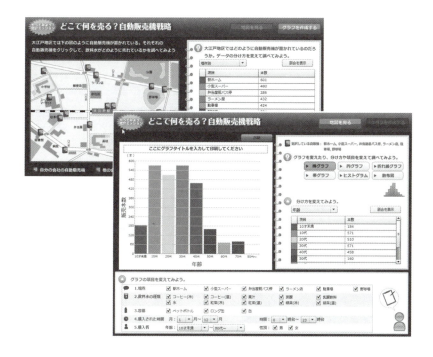

第1章 統計の役割

ちょこっと！コラム

政府統計の総合窓口（e-Stat）で統計を楽しもう！

総務省統計局統計情報システム課

「政府統計の総合窓口（e-Stat）」は，各府省が公表する統計データを1つにまとめ，統計データの検索をはじめとした，様々な機能を備えた政府統計のポータルサイトです．知りたい統計データを簡単に検索して，パソコンにダウンロードできるほか，データを使って人口ピラミッドなどのグラフを作成する機能，統計データを地図上に表示する機能など，ユーザーニーズの高い機能を数多く備えた便利なサイトです．

e-Stat でできること

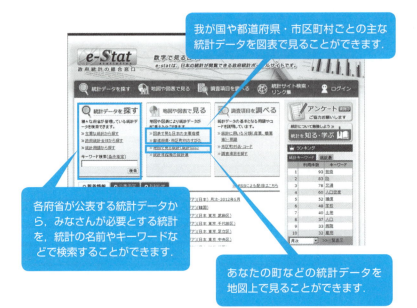

我が国や都道府県・市区町村ごとの主な統計データを図表で見ることができます．

各府省が公表する統計データから，みなさんが必要とする統計を，統計の名前やキーワードなどで検索することができます．

あなたの町などの統計データを地図上で見ることができます．

ちょこっと！コラム　45

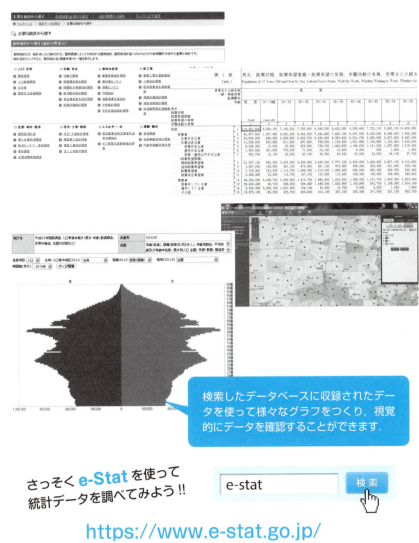

検索したデータベースに収録されたデータを使って様々なグラフをつくり，視覚的にデータを確認することができます．

さっそく **e-Stat** を使って
統計データを調べてみよう!!

https://www.e-stat.go.jp/

46 第1章 統計の役割

練習問題 基本的なグラフ

解答はp.207〜です

● 基 礎 編

問1 ある自転車メーカーは，2011年に自転車を150万台生産しました．自転車の色の内訳は右の表の通りです．

	生産台数（台）
青	40,000
赤	30,000
黒	450,000
シルバー	430,000
白	550,000

(1) 棒グラフを描き，生産された自転車で最も多い色，少ない色を答えなさい．

(2) 棒グラフ以外で表現するとしたら何グラフがいいでしょう．理由も述べましょう．

(3) この会社は2012年には，全色合わせて200万台を生産する予定です．色の割合を2011年と同じにするならば，黒は何台生産すればいいでしょう．

問2 右の表は，生まれたばかりの赤ちゃんの体重を毎朝決まった時間に測って記録したものです．適切にグラフ化しなさい．

日付	体重（g）
11/5	3,330
11/6	3,305
11/7	3,280
11/8	3,100
11/9	3,050
11/10	3,003
11/11	3,030
11/12	3,083
11/13	3,150
11/14	3,178
11/15	3,205

練習問題 基本的なグラフ　47

問3 右のグラフのデータを円グラフで表すとよい理由を述べなさい．また，小学生と中学生を比較するとしたら何グラフがいいでしょう．

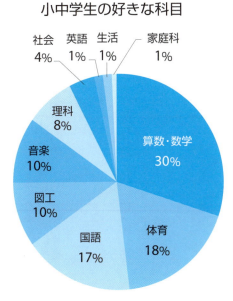

問4 次のグラフから，雨や雪がたくさん降った月と降らなかった月の差が大きいのは富山と東京のどちらですか．

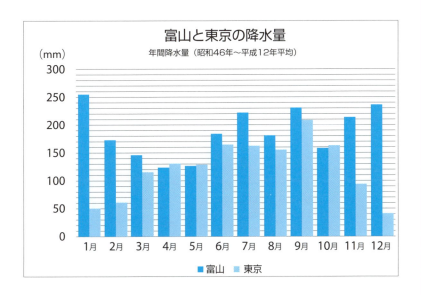

応用編

問5 次のグラフは正しいグラフといえますか．その理由も説明しなさい．

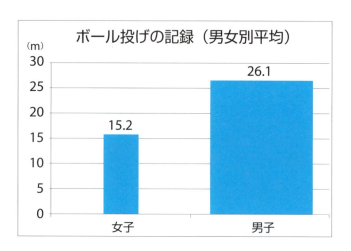

問6 ある旅行会社が旅行の費用について調査した結果，費用の内訳は次のグラフに示す通りでした．この結果を参考にあなたが20万円の予算で旅行を計画するとしたら，ツアー料金はいくらぐらいにすればいいでしょう．

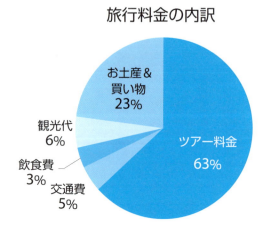

問7 あるスポーツ雑誌に，サッカーの試合のチーム別の観客動員数を比較したグラフが示されました．

この雑誌には，「横浜の観客動員数が他と比べて非常に多い」「横浜は人気が高い」といった解釈が示されていました．読者の中には，この主張は正しくないと思う人も少なくなかったようです．なぜでしょう．なお，観客動員数の具体的な数値は右の表の通りです．

チーム	人数（人）
横浜	259,950
川崎	240,345
G大阪	239,989
鹿島	239,865
FC東京	222,588
名古屋	216,951
仙台	215,130
C大阪	210,528

第2章
データのばらつきの表し方

統計では，データ全体のばらつきを見ることが大変重要です．データはいろいろな値をとります．分析の対象とするデータが，どんな値をとり，どのように，どの程度ばらついているのかを知ることにより，データの全体的な様子をとらえることができます．これにより，他のデータとの比較や予測もできます．

データのばらつきを見て全体的な様子をとらえるには，度数分布表やヒストグラムが有効です．個々のデータは，それぞれに特徴があり，違う値を示します．身長のデータも体重のデータも，大きい人，小さい人，重い人，軽い人，値はさまざまです．たとえばクラスの友達の身長が全員同じ値だということはあり得ません．では，この一人ひとり異なる身長のデータを使って，「男子の方が女子より身長が高い」かどうかを確かめるにはどうしたらよいでしょうか．男子全体の特徴と女子全体の特徴を調べるにはどうしたらよいでしょうか．

男子全体の様子を知るには，男子のデータの分布を調べることが必要です．分布とは，データの全体的な様子（ばらつきの様子）を示す言葉です．1つの値，あるいは値の範囲を指定して，そこにデータがどのくらいあるのかを示すものです．データがどのくらいあるのかは，データの件数を数えて示します．性別や血液型のように，分類が記録されているデータは，分類ごとにデータの件数を数えて度数分布表を作成します．年齢や身長の場合には，値あるいは値の範囲を指定してデータの件数を数えます．

このように，データのばらつき具合を分布として表現するには，データの種類によってデータの数え方を工夫する必要があります．また，データの種類によって分析の方法も異なるので．データの種類をしっかり見分けることが大切です．

1 データの種類 53

1 データの種類

データには，分類や種類の違い（カテゴリー）で記録される質的データと，大きさや量など，数量として記録される量的データの 2 種類があります．種類によって，データの数え方や分析の手法が異なることがあります．

質的データの例：国籍，血液型，好きな科目，趣味など

量的データの例：身長，体重，気温，乳歯の本数，テストの点数など

質的データと量的データを区別することは大変重要です．質的，量的などの用語は日常ではあまり使われませんが，海外の多くの国の小・中学校では早くからこれらデータの違いをしっかり勉強し，その種類ごとに選択すべきグラフやデータの見方，分析の方法が異なることを学んでいます．具体的なデータと照らし合わせて，データの種類とそれに対応した分析の方法をしっかり身につけましょう．

表 2.1.1 質的データと量的データの例

性別は男と女という種類を示す値をもつ質的データ

身長や体重は小数点以下の値をもつ量的データ

兄弟の数は小数点以下の値をもたない量的データ

NO	名前	性別	血液型	身長	体重	兄弟の数
1	鈴木みどり	女	A	146.7	37.0	1
2	横田次郎	男	AB	152.2	45.5	2
3	後藤元子	女	O	139.6	45.0	0
4	山口なおみ	女	A	147.0	42.5	0
5	⋮	⋮	⋮	⋮	⋮	
6	⋮	⋮	⋮	⋮	⋮	

質的データ ＝ 分類や種類の違い（カテゴリー）が記録されるデータ

量的データ ＝ 大きさや量などの数量が記録されるデータ

54　第 2 章　データのばらつきの表し方

例題 1

次の①〜⑤のうちから量的データを一つ選びなさい.

　　① 好きなスポーツ
　　② 生まれた国
　　③ 血液型
　　④ 降水量
　　⑤ プロ野球選手の背番号

【2011 年 第 1 回統計検定 4 級：問 2】

　正解は ④ **降水量**です.

　「好きなスポーツ」「生まれた国」「血液型」「プロ野球選手の背番号」は，質的データです. たとえば，好きなスポーツに記録されている具体的な値は，バレーボール，サッカー，野球などのスポーツの種類です. 同じように，「生まれた国」「血液型」も質的データです. 一方「降水量」は，150mm，180mm など，数量を記録したデータです. 身長や体重などと同様に量的データと呼ばれます.
　なお，プロ野球選手の背番号は，個々の選手を区別するためのものと理解し，質的データとしました.

2 　質的データの分析

質的データとは，分類や種類の違いを示すデータです．質的データを見やすく表現するには，正の字やタリーチャートを使ってデータを集計して度数分布表を作成します．それを絵グラフや棒グラフに表現すると，データの全体像や分布をとらえることができます．

たとえば，ある小学校の保健室の利用記録（表 2.2.1）をもとに，利用状況の全体像をとらえるにはどうしたらよいでしょうか．

表 2.2.1　ある小学校の保健室の利用記録

日付	時間	学年組	名前	理由
12 月 1 日	10：35	2 年 1 組	酒井はるこ	ねんざ
12 月 1 日	11：20	1 年 4 組	石田ななこ	頭痛
12 月 3 日	12：55	1 年 1 組	松井たかし	腹痛
⋮	⋮	⋮	⋮	⋮

利用状況を順に記録した上の表を見ても，データがたくさん並んでいるだけで，全体の様子をとらえるのは難しいでしょう．このような場合には，保健室を利用した理由ごとに利用者の人数を数えます．理由ごとに保健室を利用した人が何人いたかを，表にまとめましょう．集計の際には正の字やタリーと呼ばれる記号を使います．

表 2.2.2　正の字で集計した表

保健室を利用した理由	人数
切り傷	正
すり傷	正 正
ねんざ	下
発熱	下
頭痛	正 正 丁
腹痛	正
その他	下

表 2.2.3　タリーチャート

保健室を利用した理由	人数
切り傷	卌
すり傷	卌 冊
ねんざ	⦀
発熱	⦀
頭痛	卌 卌 ⫴
腹痛	卌
その他	⦀

1 度数分布表

度数分布表は，正の字やタリーチャートを用いて数えたデータの件数を集計した表です．

さらに，この表で集計した度数の値を，小さい順や大きい順に並べ替えて絵や棒で大きさを示したグラフ（絵グラフ・棒グラフなど）に描くと，全体の様子がよりわかりやすくなります．

表 2.2.4　度数分布表

度数とは，そのデータの値や値の範囲で回答した対象の数を数え上げたものです．

保健室を利用した理由	度数	相対度数
切り傷	5	5/40 = 0.125
すり傷	9	9/40 = 0.225
ねんざ	3	3/40 = 0.075
発熱	3	3/40 = 0.075
頭痛	12	12/40 = 0.300
腹痛	5	5/40 = 0.125
その他	3	3/40 = 0.075
計	40	1.000

2 絵グラフ

絵グラフは，度数を絵や記号に表現したグラフです．一目で全体の様子がわかり，とても見やすいグラフです．テーマにあった絵を使ったり，手書きの絵を張り付けるなどして，興味深いグラフを作成できます．

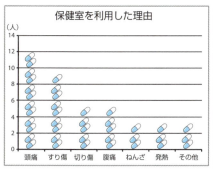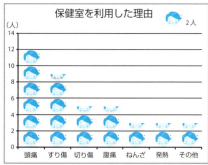

図 2.2.1　絵グラフの例

絵は度数に対応して積み上げられます．図 2.2.1 の左側のグラフは絵 1 個が度数 1 に対応していますが，右側のグラフのように度数 2 に対応させることもできます．

Excel などの表計算ソフトを使って絵グラフを書くこともできますが，少し手間がかかります．前章で紹介した「科学の道具箱」を用いると簡単に作成できます．

3 質的データの度数を示す棒グラフ

1.4 節の「(6) その他の統計グラフ」（p.25）で紹介したように，保健室を利用した理由などの質的データの度数は，棒グラフに表すと，全体の様子（分布）をわかりやすく表現できます．

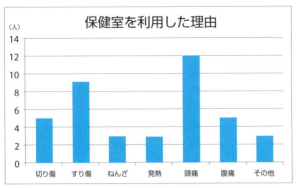

図 2.2.2　保健室を利用した理由の度数を示す棒グラフ

度数の大きい順や小さい順に並べかえて，見やすさを工夫してみましょう（p.27 図 1.4.16）．ただし，保健室の利用者の数を曜日別に集計した図 2.2.3 の場合には，横軸の曜日は月曜日，火曜日…と，順番があるため，度数の大小で並べ替えることはできません．

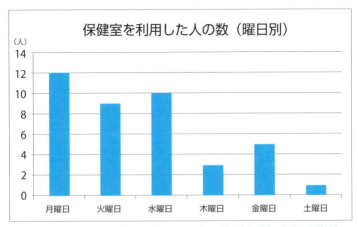

図 2.2.3　曜日別に保健室を利用した人の数（度数）を示す棒グラフ

例題 2

かすみさんの学校で，先週一週間に保健室を利用した理由についてまとめたところ，切り傷 5 件，すり傷 9 件，ねんざ 3 件，発熱 3 件，頭痛 12 件，腹痛 5 件，その他 3 件でした．この結果の件数を表示するグラフとして，次の①〜④のうちから最も適切なものを一つ選びなさい．

① 棒グラフ　　　② 折れ線グラフ
③ ヒストグラム　　④ 円グラフ

【2011 年 第 1 回統計検定 4 級：問 1〔1〕】

正解は ① **棒グラフ** です．

保健室を利用した理由を調査した結果のデータは，切り傷，すり傷などの種類（カテゴリー）を示す質的データです．質的データの件数（度数）の表示は，棒グラフ，または絵グラフが適しています．割合を比べる場合には円グラフがよいでしょう．

棒グラフ
値の大小を示すグラフ

折れ線グラフ
時間で変化するデータに適したグラフ

ヒストグラム
量的データの分布を表すグラフ

円グラフ
割合を示すグラフ

60　第2章　データのばらつきの表し方

4 パレート図

　表2.2.5は，松坂投手の2005年の投球記録をまとめた度数分布表です．球種（質的データ）ごとに投球数などが集計されています．累積相対度数とは，相対度数を順に足し合わせたものです（順に足し合わせることを累積するといいます）．このような質的データの度数分布表をもとに，度数を示す棒グラフと累積相対度数を示す折れ線グラフを合わせて表示したグラフをパレート図（図2.2.4）といいます．松坂投手の投球データのように，横軸のカテゴリー（この場合は球種）が順序を考慮しなくてよい内容なので，棒グラフは度数の大きい順に棒を並べます．これによって，注目すべきデータがどこにあるかが一目でわかり，それらのデータが全体の何割をしめているかを特定できるのです．

> ストレート＋スライダーの割合
> 47.0＋24.5 ＝ 71.5%

表2.2.5 松坂投手の投球記録（2005）

球種	投球数（度数）	累積度数	相対度数	累積相対度数
ストレート	1560	1560	47.0 %	47.0 %
スライダー	814	2374	24.5 %	71.5 %
カットボール	339	2713	10.2 %	81.7 %
チェンジアップ	281	2994	8.4 %	90.1 %
カーブ	172	3166	5.2 %	95.3 %
フォーク	155	3321	4.7 %	100.0 %
合計	3321		100.0 %	

（資料：データスタジアム）

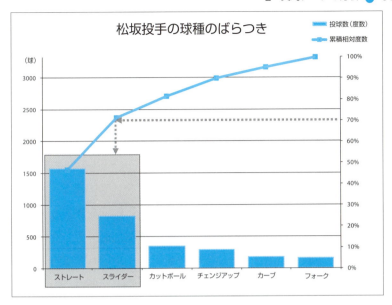

図 2.2.4　松坂投手の球種のパレート図

　図 2.2.4 は表 2.2.5 のデータを，度数の大きい順に並べ替えて各球種の投球数を棒で示し，各球種の全体投球数に対する割合を累積して折れ線グラフで表しています．このグラフを見ると，松坂選手の投球は，ストレートとスライダー合わせて約 70％をしめており，カーブやフォークはとても少ないことがわかります．

5 クロス集計表

複数の項目を組み合わせて度数を集計した表をクロス集計表といいます．調査などの結果は，表 2.2.7 のようにクロス集計表を作成することによって，データの全体像を把握しやすくなります．

　花子さんは，秋に行われる体育祭の実行委員をしています．今年の体育祭は新しい種目を追加して，これまでとは違った内容で実施したいと思っています．花子さんは追加する種目の参考にするため，アンケートを行い「どんなスポーツが好きか」「どんな競技を追加したいか」をきいてみることにしました．調査票は図 2.2.5 に示すものを使い，調査結果は一覧表（表 2.2.6）にまとめました．

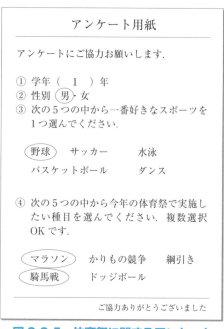

図 2.2.5　体育祭に関するアンケート

2　質的データの分析　　63

表 2.2.6　体育祭に関するアンケート結果の一覧表

学年	性別	好きなスポーツ	マラソン	かりもの競争	綱引き	騎馬戦	ドッジボール
1	男	水泳	○	×	×	○	×
1	男	野球	○	×	○	×	○
⋮	⋮	⋮	⋮	⋮	⋮	⋮	⋮

　花子さんは，男子と女子では好みが違うだろうと予測して，男女別に結果を集計してみることにしました．表 2.2.7 は，横軸（列）が「好きなスポーツ」，縦軸（行）が「性別」のクロス集計表です．

表 2.2.7　男女別と好きなスポーツのクロス集計表

		好きなスポーツ					計
		野球	サッカー	水泳	バスケットボール	ダンス	
性別	男子	25	45	15	15	0	100
	女子	5	10	15	10	60	100
計		30	55	30	25	60	200

単位：人

　また，クロス集計表は目的に合わせて横軸や縦軸の項目を変更することにより，様々な分析が可能になります．花子さんの行ったアンケートの結果も，性別だけではなく，学年で集計しなおすことにより違う視点で結果を読むことが可能になります．

表 2.2.8　学年別と好きなスポーツのクロス集計表

		好きなスポーツ					計
		野球	サッカー	水泳	バスケットボール	ダンス	
学年	1 年	3	15	9	5	18	50
	2 年	15	20	6	10	16	67
	3 年	12	20	15	10	26	83
計		30	55	30	25	60	200

単位：人

64   第2章　データのばらつきの表し方

▶ 行比率と列比率

　行比率とは，表2.2.9のように縦軸の項目である各学年の，全学年の合計に対する比率を計算した値です．1年生の場合に割合（%）で計算するときは，

　　　（1年生の合計÷全学年の合計）× 100 ＝（50 ÷ 200）× 100

で計算できます．

　また，列比率とは，表2.2.9の好きなスポーツの種類のように，横軸に並ぶ項目ごとに，全スポーツの合計に対する比率を計算した値です．野球の場合に割合（%）で計算するときは，

　　　（野球の合計÷全スポーツの合計）× 100 ＝（30 ÷ 200）× 100

で計算できます．

表2.2.9　好きなスポーツの行・列比率

| | | 好きなスポーツ | | | | | 計 | 行比率 |
		野球	サッカー	水泳	バスケットボール	ダンス		
学年	1年	3	15	9	5	18	50	25.0 %
	2年	15	20	6	10	16	67	33.5 %
	3年	12	20	15	10	26	83	41.5 %
計		30	55	30	25	60	200	100.0 %
列比率		15.0 %	27.5 %	15.0 %	12.5 %	30.0 %	100.0 %	

野球の割合
＝（野球の合計÷全スポーツの合計）× 100
＝（30 ÷ 200）× 100＝15%

1年の割合
＝（1年の合計÷全学年の合計）× 100
＝（50 ÷ 200）× 100＝25%

2 質的データの分析　65

　クロス集計表を作成することにより，2つの項目を関連付けてみることが可能となり，分析の幅が広がります．このアンケートは，花子さんの中学校の生徒の一部を対象に行いました．全員ではありませんが，この結果をもとに中学校全体，さらには全国の中学校の傾向を推測することができるのです．

　ただし，ここで注意の必要なことがあります．たとえば花子さんのアンケートが女子生徒だけを対象に行われていた場合，その結果を男子生徒に対して適用することは適切ではありません．調査した対象と，その結果を一般化する対象が大きく異なる場合には，適切な推測はできません．アンケートの対象を選ぶときには，無作為抽出法という方法が有効です．第5章の標本調査のところで詳しく説明しています．

　分析の結果をまとめるときには，データをもとにグラフを描いたり，度数分布表を作成することに加えて，新しくわかったことやデータの背景全体の傾向を推測できることも含めて文章をまとめるとよいでしょう．また，考察が足りないところは，アンケートや調査を再度行って新しいデータを含めて分析を繰り返すことも重要です．統計では，図1.2.1（p.5）に示す問題解決のプロセスを繰り返し実行することが大切です．「何のために」，「どんなデータが必要で」，「どんなことがわかり」，「何がわからなかったのか」を明確にしながら，データを活用しましょう．

分布の特徴をとらえる 3つのポイント

茨城大学教育学部教授　小口祐一

　下のグラフは，「平成 24 年度全国学力・学習状況調査 中学校数学 B」で出題された「スキージャンプの記録」に関する問題で，船木選手の記録を整理したヒストグラムです．分布の特徴をとらえるためには，このグラフをどのような観点で読めばよいのでしょうか．

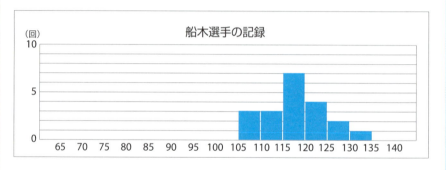

（平成 24 年度　全国学力・学習状況調査　中学校　数学 B ③ より抜粋）

　第 1 に「形状」（Shape）を読み取ります．最も度数が大きい階級は 115m 以上 120m 未満であり，この階級を中心にほぼ対称な形状をしています．

　第 2 に「中心」（Center）の位置を読み取ります．飛んだ回数は全部で 20 回ですから中央値が含まれる階級は 115m 以上 120m 未満であり，ほぼ対称な形状の分布ですのでこの階級を中心としてよいでしょう．

第3に「広がり」（Spread）を読み取ります．105m以上135m未満の区間にすべての値が含まれています．それより重要なことは，115m以上125m未満の区間に全体の50%以上の値が含まれていることを読み取ることです．船木選手の標準的な飛距離をとらえることは，様々な状況で判断の根拠となり得るからです．

　最後に「ある基準以上（あるいは未満）の値の割合」を読み取ります．船木選手が125m以上飛べば優勝の可能性が高いといった状況では，125m以上の区間に含まれる値の割合が判断の有力な根拠となり得ます．このグラフから，そのような割合は15%であることがわかります．

　以上の観点でグラフを読むと，分布の特徴をとらえることができます．さらに，これらの観点について，数値で表していきたいものです．形状を表す指標としては「尖度」，「歪度」，中心を表す指標としては「平均値」，「中央値」，「最頻値」，広がりを表す指標としては「標準偏差」，「四分位範囲」などがあります．

　ここでは，「標準偏差」を紹介しましょう．標準偏差とは，測定値と平均値との差の2乗を合計してデータの個数で割り，その平方根をとった値です．ベル型の特徴を持つ正規分布ならば，「平均値−標準偏差」と「平均値＋標準偏差」の区間にデータ全体の約68%の値が含まれることになります．船木選手の記録に関していえば，標準偏差は標準的な飛距離をとらえる指標となるのです．

ちょこっと！コラム

データの表現を換えてみると新たな発見が！

宇都宮大学教育学部講師　川上 貴

図1　紙ヘリコプター

データの分布から何かしらの傾向を読みとろうとするとき，データの表現を換えてみると，それまで気づかなかった傾向が見えてくることがあります．たとえば，紙ヘリコプター（図1）をある高さから30回落とした際の滞空時間を記録したドットプロット（図2）があります．このドットプロットでは，ストップウォッチで測定したデータを0.01秒単位に換算しています（例：1秒24 → 124，0秒45 → 45）．

図2　紙ヘリコプターの滞空時間

　図2のドットプロットをみると，「131（1秒31）や132（1秒32）が多いこと」や「172（1秒72），186（1秒86）が極端な値（外れ値）であること」がわかりますが，「何秒ぐらいのあたりにデータが集まっているか」，「平均値はいくつぐらいか」といった分布の全体的な傾向が読みとりにくいかもしれません．

　そこで，このドットプロットを図3左のヒストグラムに変換してみると，「130（1秒30）から140（1秒40）の間にデータが集中している」という傾向がよく見えてきます．

さらに，図3の左のヒストグラムの階級幅を10から9にすると図3の右のヒストグラムになり，「126（1秒26）から135（1秒35）の階級を中心にほぼ左右対称に分布している」という傾向に初めて気づきます．また，平均値も126（1秒26）から135（1秒35）の階級の中の値あるいはその周辺の値ではないかと予想もできます．ちなみに，実際の平均値は137（1秒37）です．しかも，ドットプロットで気づいた極端な値である172（1秒72）と186（1秒86）は，左右対称に集まっている分布の全体的な傾向からは外れた値であることを再確認することもできます．

ドットプロットで表すと，元のデータが明示されるため，分布のちらばり具合などを具体的に把握しやすくなりますが，ヒストグラムで表すと，分布の中心や分布の形などの大まかな傾向が把握しやすくなるわけです．

このように，グラフの種類を換えたり，ヒストグラムの階級の幅を変えたり工夫をすると，データから新たな発見をすることができます．

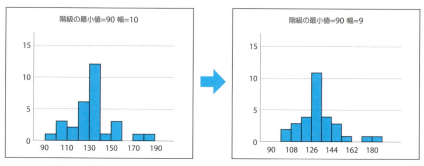

図3　紙ヘリコプターの滞空時間（左の階級幅：10，右の階級幅：9）

70　第2章　データのばらつきの表し方

練習問題 ▶ 質的データの分析

解答はp.209〜です

● 基 礎 編

問1　質的データはどれですか．すべて選びなさい．

1. 一番好きな朝食のメニュー
2. 携帯電話に毎月かかる額
3. 統計の授業に対する評価（とても良い／良い／良くない）
4. 車のナンバー
5. あなたが好きな車の作られた国
6. お気に入りのテレビ番組
7. あるレストランのサービスに対する満足度（1 〜 5）
   ・非常に満足している＝ 1
   ・満足している＝ 2
   ・どちらとも言えない＝ 3
   ・満足していない＝ 4
   ・非常に満足していない＝ 5
8. 1 か月の食費
9. 電話の市外局番

問2　量的データはどれですか．すべて選びなさい．

1. ペンキの売り上げ（リットル単位）
2. アルファベットの数
3. ワールドカップ決勝戦のゴール数
4. 日本の人口
5. ビールの年間総売り上げ
6. 50m 走のタイム
7. 性別（女性＝ 1，男性 =2）
8. 身長
9. 将棋盤のますの数

問3 かなさんは，クラスの友達 30 人を対象に好きな色について調査しました．色の好みにどのようなばらつきがあるのかを調べるためには，どのようなグラフが適しているでしょうか．また，その理由を説明しなさい．

問4 A 中学校の生徒たちは 5 つの地区から通学しています．各地区の割合を比較するには何グラフが適しているでしょうか．

名前	地区
田中	東町
佐藤	東町
林	西町
高山	南町
森	北町
山田	北町
:	:

● 応 用 編

問5 ある製品の製造工程で不良品が発生した原因に関するグラフについて答えなさい．

（1）次に示すグラフの名前は何ですか．
（2）主な原因に対策を立てたいと思います．約 7 割を占める原因とは何と何ですか．

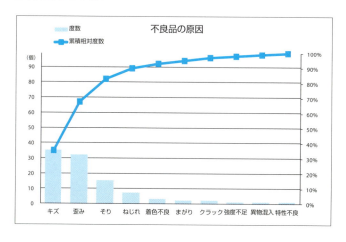

問6 かすみさんのクラスは，男子15人と女子25人の40人です．このクラスで一番好きな食べ物を調査したところ，次のような結果が得られました．

一番好きな食べ物

性別	カレーライス	焼肉	スパゲッティ	その他	合計（人）
男子	6	5	2	2	15
女子	10	7	5	3	25
合計（人）	16	12	7	5	40

この表をもとに一番好きな食べ物に男子と女子の間で違いがあるかどうかを調べたいとき，次の①〜④のグラフのうちで最も適切なものを一つ選びなさい．

① 折れ線グラフ

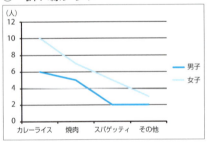

② 棒グラフ（集合棒グラフ）

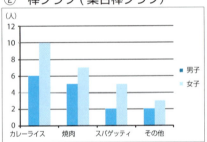

③ 積み上げ棒グラフ

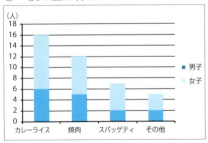

④ 円グラフ

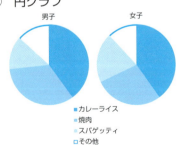

【2011年 第1回統計検定4級：問8】

練習問題　質的データの分析　73

問7　A市の中学生の男子100人と女子200人を無作為に選び，テレビ番組の4つのジャンルの中から一番好きなジャンルを調査しました．ただし，A市の中学校の男女比は，ほぼ同じであることがわかっています．その結果が次の表にまとめられています．

一番好きな番組のジャンル

性別	スポーツ	歌番組	ドラマ	バラエティ	合計（人）
男子	40	15	20	25	100
女子	20	60	70	50	200
合計（人）	60	75	90	75	300

（1）男子で一番好きなジャンルとしてドラマを選んだ人の割合（％）を求める式を，次の①～④のうちから一つ選びなさい．

① $\dfrac{20}{100} \times 100$　　② $\dfrac{20}{90} \times 100$

③ $\dfrac{20}{300} \times 100$　　④ $\dfrac{20}{300} \times 100$

（2）この調査結果について，次のコメント（ア）と（イ）の正誤を○×で示した組み合わせとして適切なものを，下の①～④のうちから一つ選びなさい．

（ア）女子で一番好きなテレビ番組のジャンルはドラマである

（イ）男子でスポーツを選んだ人の割合は，女子でドラマを選んだ割合より小さい

① （ア）：○　（イ）：○
② （ア）：○　（イ）：×
③ （ア）：×　（イ）：○
④ （ア）：×　（イ）：×

74　第2章　データのばらつきの表し方

（3）この調査結果をもとに，A市全体の中学生で一番好きなジャンルとしてドラマを選ぶ人の割合を検討することにしました．この割合を求める式を，次の①～④のうちから一つ選びなさい．

① $\dfrac{20 + 70}{100 + 200}$　　② $\left(\dfrac{20}{100} + \dfrac{70}{200}\right) \times 2$

③ $\dfrac{20}{100} + \dfrac{70}{200}$　　④ $\dfrac{20 \times 2 + 70}{100 \times 2 + 200}$

【2011年第1回統計検定4級：問9】

問8　次の表は，中学生54人にサッカーは好きかどうか，野球は好きかどうかをアンケート調査した結果です．

		サッカーは好き？		計
		はい	いいえ	
野球は好き？	はい	27人	6人	33人
	いいえ	4人	17人	21人
計		31人	23人	54人

この表から，次の（ア）～（エ）のコメントが出ました．

（ア）サッカーが好きな人は，野球も好きな傾向にある

（イ）サッカーが好きな人は，野球は好きではない傾向にある

（ウ）サッカーが好きではない人は，野球が好きな傾向にある

（エ）サッカーが好きではない人は，野球も好きではない傾向にある

正しいコメントの組み合わせを，次の①〜⑤のうちから一つ選びなさい．

① （ア）と（イ）

② （イ）と（ウ）

③ （ウ）と（エ）

④ （ア）と（エ）

⑤ （イ）と（エ）

【2011 年第 1 回統計検定 4 級：問 10】

76　第2章　データのばらつきの表し方

3 量的データの分析

　量的データの場合も，データ全体を分布としてとらえることが重要です．そのため，値あるいは値の範囲ごとに対象となるデータの件数を数えて度数分布表を作成したり，それを図の形に表示したりします．量的データは，160.5，171. 25 などの小数点以下の値を含む，連続的な値をとるデータ（連続データ）と，0，1，2 などの整数の値しかとらない離散データに分けられます．身長や体重などの測定結果は連続データ，抜けた乳歯の本数や，縄跳びを跳んだ回数などは離散データです．

1 度数分布表

▶ 離散データの場合

　離散データは，整数の値のみを記録したデータです．値の種類が少ない場合には，値ごとに度数分布表を作成します．多い場合には一定の範囲ごとに度数を集計しましょう．

　次の表は，竹馬で何歩歩くことができたかについてたかしさんが調査した結果です．1 年生 28 人にこれまでの最高記録を聞きました．

田中さん 5 歩，真野さん 6 歩，藤田さん 0 歩・・・

　これは歩数という量を示す量的データです．ただし，このデータは 0.5 歩とか 3.5 歩などの小数点以下の値をとりません．整数の値のみをとる離散型のデータです．

28人分のデータをグラフで見やすく表現するにはどうしたらいいでしょうか．28人分を横に並べて棒グラフにすることは少し無理がありそうです．このような場合には，質的データの場合と同様に，表2.3.1のように，歩数ごとに度数を集計し，図2.3.1のグラフを描くと全体をとらえやすくなります．

表 2.3.1　竹馬で歩けた歩数の度数分布表（1年生）

歩数	度数
0	4
1	6
2	10
3	5
4	2
5	1
合計	28

値ごとに対象となるデータの数を数えた値

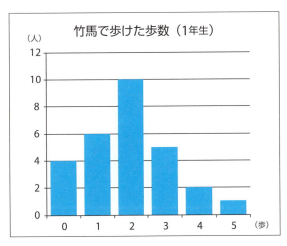

図 2.3.1　竹馬で歩けた歩数の棒グラフ（1年生）

また，値の種類が多くなる場合は一定の範囲ごとに集計します．2 年生は，表 2.3.2 に示すように 0 歩の人から 35 歩の人まで値の範囲が広いので，5 歩ごとに値を区切って度数を集計し，棒グラフを描くと見やすくなります．

表 2.3.2　竹馬で歩けた歩数の度数分布表（2 年生）

歩数	度数
0 ～ 5	1
6 ～ 10	7
11 ～ 15	16
16 ～ 20	9
21 ～ 25	5
26 ～ 30	1
31 ～ 35	1
合計	40

値の範囲ごとのデータの件数を数えた値

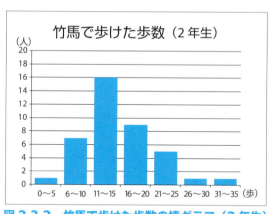

図 2.3.2　竹馬で歩けた歩数の棒グラフ（2 年生）

3 量的データの分析　79

▶ 連続データの場合

　連続データの場合にも，離散データと同様に度数を集計して全体の様子をとらえることができます．連続データの分布を示したグラフは，ヒストグラム（柱状グラフ）と呼ばれます．ヒストグラムは棒グラフとは違い，横軸が必ず数値を示します．量のつながり（連続性）を表現するために，柱どうしの間隔はあけないで詰めて描きましょう．

　また，連続データの場合には少し工夫が必要です．連続データには，小数点以下の桁数の多い値が含まれることもありますので，質的データや離散データとは異なり，個々の値でデータの度数を数えることは適切ではありません．そこで値の範囲をいくつかのクラス（階級）に分けて，その中に入るデータの件数を数えます．

　あるスポーツクラブでは，会員の健康管理のために毎月体重の測定を行い，それを表 2.3.3 のように記録しています．体重データは，小数点以下の桁数を含む連続したデータです．

表 2.3.3　体重測定の記録

NO	名前	体重
1	吉永カナ	37.0
2	酒井愛	45.6
3	武田智	45.0
4	渡辺さえ	42.2
:	:	:

80　第 2 章　データのばらつきの表し方

　ここでは，体重データを 10kg ごとに集計します．会員には幼児も含まれているので，小さい値も記録されていますが，70kg 以上の人はいませんでした．性別の影響を考えて，男女別に集計した結果が表 2.3.4 です．このような表を度数分布表といいます．

表 2.3.4　あるスポーツクラブの会員の体重

階級	度数（人）	
	男性	女性
10kg 未満	0	0
10kg 以上 20kg 未満	0	1
20kg 以上 30kg 未満	1	5
30kg 以上 40kg 未満	2	8
40kg 以上 50kg 未満	4	5
50kg 以上 60kg 未満	6	1
60kg 以上 70kg 未満	7	0

値の範囲ごとにクラス分けしたもの

度数：各個人の体重を記録したデータの件数を，クラス（階級）ごとに数えた値

【2011 年 第 1 回統計検定 4 級：問 6】

　階級とは，量的データの値の範囲ごとにクラス分けしたものです．

　階級幅とは，各階級の上限と下限の差を示し，10kg 以上 20kg 未満の階級では，下限が 10kg，上限が 20kg のため，階級幅は 10kg となります[2]．階級幅は，広く取りすぎると各階級の度数が多くなり，データが固まりすぎて分布が見えなくなります．逆に狭くすると，デコボコの多い広がったグラフになってしまいます．出来上がりのヒストグラムの形を見ながら適切な階級幅を決めましょう．

　階級値とは階級の上限と下限の中央の値を示します．たとえば，「20kg 以上 30kg 未満」の階級の階級値は 25kg です．

2　階級は 20kg 未満ですが，多くの実例では厳密な表記は用いられないので上限は 20kg とします．

度数分布表を読むポイント

●データの中心を探す

データの最も集中する階級が中心の 1 つの目安です．度数の一番大きい階級に印をつけるなどして中心の位置を探しましょう．中心が分布のほぼ真ん中に位置する場合や，値の小さい方に偏る場合，値の大きい方に偏る場合などがあります．

分布の中心を示す指標について，より詳しくは p.98 で説明します．

●全体の約半分をとらえる

中心のおよその位置がわかったら，次は，ばらつきの大きさを調べるため，その位置を中心に全体の約半分になるデータの範囲を確認しましょう．表 2.3.5 の男性体重のデータでは，値の大きい方の 50 ～ 60kg の階級の度数が最も高く，この階級に 50%弱のデータが集中しています．一方女性の体重のデータは，最も度数の高い 30 ～ 40kg の階級に 50%弱のデータが含まれます．

表 2.3.5　あるスポーツクラブの会員の体重

階級	度数（人）	
	男性	女性
10kg 未満	0	0
10kg 以上 20kg 未満	0	1
20kg 以上 30kg 未満	1	5
30kg 以上 40kg 未満	2	8
40kg 以上 50kg 未満	4	5
50kg 以上 60kg 未満	8	1
60kg 以上 70kg 未満	5	0

女子は 30 ～ 40kg が一番多く，ほぼ真ん中に中心がある．

男子は 50 ～ 60kg が一番多く，値の高い方に偏っている

2 ヒストグラム

ヒストグラムは，連続型の量的データの度数分布表を柱の面積で表したものです．横軸は階級を示す数値です．統計では大変重要なグラフです．

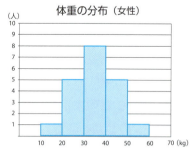

ヒストグラムは，連続型の量的データの分布を示すグラフですので，横軸は連続した値を示します．柱と柱の間隔はあけないようにしましょう．

図 2.3.3 女性の体重のヒストグラム

ヒストグラムを読むポイント
・形状を見分ける
・山型，ベル型などの言葉を使って特徴を表現する

ヒストグラムの形状は，分布の特徴を示すとても重要な情報で，山やベルなどの形にたとえて表現されます．データが集中している箇所を，山の高いところを示す峰またはピークと呼びます．

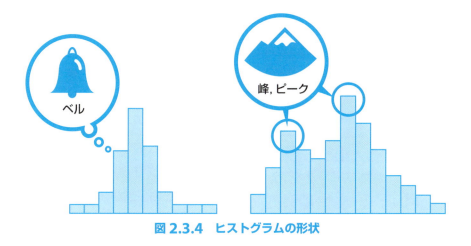

図 2.3.4　ヒストグラムの形状

単峰性（峰が 1 つ），左右対称

最も基本的なヒストグラムの形は，単峰性で左右対称です．データのもとになる集団が同質（同じ種類）の集団であれば，山の頂点を中心に左右対称の形状を示すことが多いです．

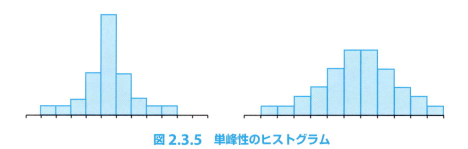

図 2.3.5　単峰性のヒストグラム

単峰性のヒストグラムには，図 2.3.5 の左側のように鋭くとがった山型を示すものや，右側のようになだらかな山型を示すものがあります．鋭くとがった山型はばらつき（ちらばり）の小さい分布を示し，なだらかな山型はばらつきの大きい分布を示します．

多峰性（峰が複数ある）

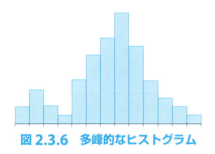

図 2.3.6　多峰的なヒストグラム

データの集中する部分（ピーク）が2つ以上あるヒストグラムを多峰的といいます．ピークが2つ以上になる場合は，大人と子供など異なる種類の集団が混在している可能性があります．データを層別（区別）して分析するなどの工夫が必要です．

左または右に裾が長い（左右対称ではない）

単峰性を示すヒストグラムは，その中心（ピーク）がどこにあるかを確認することも重要です．山が1つでも，ピークが右や左に偏り，片側に裾を長く引く場合があります．その原因にはいくつかの可能性があり，裾の部分に他とは異なる，偏ったデータが混在している場合や，分布そのものが偏っている場合が考えられます．

左に歪んだ分布（左に裾の長い分布）
山の最も高いところが右側（正の方向）
に位置し，左に長く裾を引く

右に歪んだ分布（右に裾の長い分布）
山の最も高いところが左側（負の方向）
に位置し，右に長く裾を引く

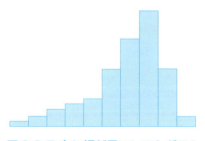　

図 2.3.7　左に裾が長いヒストグラム　　図 2.3.8　右に裾が長いヒストグラム

外れ値が存在する

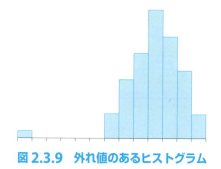

図 2.3.9　外れ値のあるヒストグラム

集団の多くが示す値と離れたところにある少数個のデータを外れ値といいます．外れ値のあるヒストグラムも，多峰性や左右対称ではないヒストグラムと同様に異なる種類のデータが混在している可能性を示します．

外れ値は数表からは見つけにくいことが多いので，必ずヒストグラムを描いて確認しましょう．外れ値が存在する場合には，入力ミスや異質なデータの混入などがないかの確認が必要です．

86　第 2 章　データのばらつきの表し方

▶ 階級幅が等しくないヒストグラム

　度数分布表の階級の幅が等間隔でない場合には，ヒストグラムの作成に
注意が必要です．

　次の表は，ある中学校の 3 年生 67 人の 1 か月の小遣いの額を調査し
た結果です．

表 2.3.6　小遣いの度数分布表

小遣い（円）	度数
0 円以上 - 2000 円未満	5
2000 円以上 - 4000 円未満	15
4000 円以上 - 6000 円未満	25
6000 円以上 - 8000 円未満	7
8000 円以上 -10000 円未満	5
10000 円以上 -20000 円未満	10

【2011 年 第 1 回統計検定 4 級：問 14】

　はじめの 5 つの階級は，階級幅が 2000 円で統一されていますが，最
後の階級は階級幅 10000 円です．ヒストグラムは，基本的には階級の幅
を等間隔にしなければなりません．度数の値が等間隔でない場合には，図
2.3.10 に示すヒストグラムのように，柱（長方形）の面積が度数に対応
するように高さを調整する必要があります．

　ヒストグラムの高さは度数だけではなく度数密度を表し，面積は度数に
対応するため，階級幅が異なる場合には高さの調節が必要です（p.104 図
2.3.16 参照）．

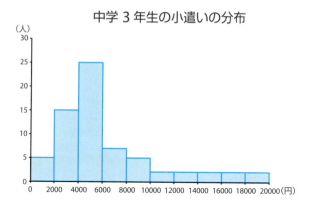

図 2.3.10　ある中学校の小遣いのヒストグラム

累積度数分布と累積相対度数

　度数分布表を作るときには，度数を集計するだけではなくその割合「相対度数」も計算してみましょう．次に示す 50m 走の記録をまとめた度数分布表では，度数だけではなく相対度数，累積度数，累積相対度数を計算しています．これにより，約 28%の女子生徒が 9 秒台の記録を出していることや，9 秒未満の生徒が約 65%いることなどが読み取りやすくなります．

88　第 2 章　データのばらつきの表し方

表 2.3.7　50m 走の度数分布表
（資料：山形県平成 29 年度体力運動能力報告書（10 歳女子））

相対度数（9 秒台の全体に対する割合）
$$\frac{287}{1016} \times 100 = 28.2\%$$

累積度数（9 秒未満の人の合計）
$$1 + 117 + 549 = 667$$

階級	度数	相対度数 (%)	累積度数	累積相対度数（%）
6 秒以上 7 秒未満	1	0.1	1	0.1
7 秒以上 8 秒未満	117	11.5	118	11.6
8 秒以上 9 秒未満	549	54.0	667	65.6
9 秒以上 10 秒未満	287	28.2	954	93.9
10 秒以上 11 秒未満	53	5.2	1007	99.1
11 秒以上 12 秒未満	6	0.6	1013	99.7
12 秒以上 13 秒未満	1	0.1	1014	99.8
13 秒以上 14 秒未満	1	0.1	1015	99.9
14 秒以上 15 秒未満	1	0.1	1016	100.0
合計	1016	100.0		

累積相対度数（10 秒未満の人の割合）
$$\frac{1 + 117 + 549 + 287}{1016} \times 100 = 93.9\%$$

　特に，男女でデータの件数が違う場合に正確な比較をするためには，相対度数を求める必要があります．

　累積相対度数を計算したら折れ線グラフを描きましょう．割合を用いた解釈がしやすくなります．図 2.3.11 は，表 2.3.7 の各階級の上限値と累積相対度数を対応させた折れ線グラフで，累積相対度数グラフと呼ばれます．

3 量的データの分析　89

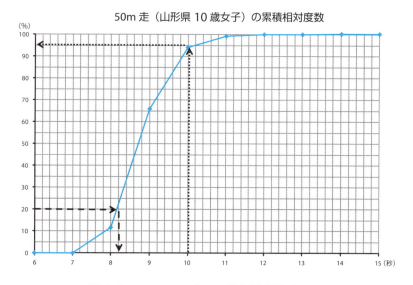

図 2.3.11　50m 走の累積相対度数グラフ

　図 2.3.11 に示すように，縦軸の割合 20%の値と対応する横軸の値は約 8.2 秒であり「上位 20%の記録は 8.2 秒を切っている」ことがわかります．このように，累積相対度数グラフで矢印を→↓のようにたどると，累積相対度数（%）に対応する値を読み取れます．この値をパーセント点，あるいはパーセンタイルといいます．この例では 20 パーセント点は約 8.2 です．

　また，横軸 10 秒に対応する縦軸の割合は約 95%であり「10 秒より遅い人は約 5%にすぎない」ことを読み取ることができます[3]．

3　累積度数グラフ，パーセント点については，p.111~112 にも説明があります．

ちょこっと！コラム

年齢の違う集団の反応時間を比較してみよう！

お茶の水女子大学附属中学校教諭　藤原大樹

　目の前で机から物が落下した瞬間，とっさに手を出してキャッチすることはありませんか．そのような動作が機敏にできることを，日常用語で「反射神経がよい」とよくいいますが，専門用語では「反応時間が速い」といいます．あなたは同年齢の中で，

ルールをみんなで決めて測定中

この反応時間は速い方でしょうか．また，異なる年齢の集団と比較すると，あなたの年齢の集団と比較してどちらが速いといえるでしょうか．これらのことを，落下する定規を瞬時につかむ実験で検証することができます．

　表1は，ある中学校1年生1クラス，表2は同校の職員の実験データです．定規の落下距離を測っているため，単純反応時間（秒）を落下距離（cm）に置き換えてデータを表しています．あなたも何cmになるか，実験してみましょう．

26.6	17.3	17.2	20.0	21.3
29.6	19.5	18.7	18.0	26.7
20.7	26.6	16.0	23.3	32.0
21.7	24.0	24.0	24.5	20.3
25.0	32.0	20.0	19.3	11.1
19.9	19.1	18.5	16.3	30.0
20.7	17.7	27.2	15.6	21.6
24.1	19.9	33.4	13.7	7.5
27.4	21.0	10.3	25.3	24.7

表1　生徒のデータ

24.4	18.1	18.0	16.0	25.2	25.4
23.7	22.1	18.6	18.2	21.7	25.8
21.0	23.0	19.6	25.4	22.7	26.0
16.4	22.8	19.8	22.4	19.6	19.9
19.4	23.3	27.2	21.8	19.8	21.3
18.6	24.2	17.6	20.2	20.2	
25.6	19.2	24.8	17.4	17.4	
18.6	15.5	24.2	34.5	24.6	
19.3	16.6	25.2	23.3	24.4	

表2　職員のデータ

　さて，生徒と職員ではどちらが速いといえるでしょうか．データのままではわかりづらいので，ヒストグラムに表しましょう．図1と図2に

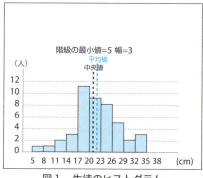
図1　生徒のヒストグラム

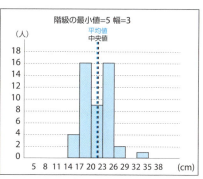
図2　職員のヒストグラム

なります．目盛をそろえたり，度数折れ線にして重ねたりすると比較しやすいですね．

　中央値（20.7 と 21.0），平均値（21.5 と 21.6）ともにそれほど差はなく，どちらともいえないことがわかります．しかし図2をよく見ると分布に谷があります．つまり反応時間が速い職員集団と遅い職員集団に分けられそうです．女性と男性？　若い，若くない？　運動経験？

　図3，図4は図2の職員を40歳未満と以上で分けたものです．このように職員のデータを層別して分析すると，「生徒の反応時間は○○より遅いが，△△より速い」という新たな結論が見えてきそうです．

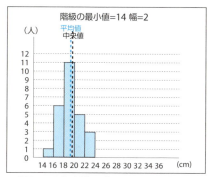
図3　40歳未満の職員のヒストグラム

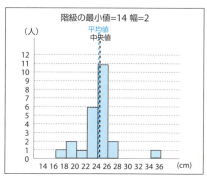
図4　40歳以上の職員のヒストグラム

ちょこっと！コラム

データからみえる家電製品の省電力化

静岡大学教育学部教授　松元新一郎

　生活の利便性・快適性を追求する国民のライフスタイルの変化，世帯数の増加等の社会構造の変化の影響を受けて，家庭用エネルギー消費は1973年度の家庭用エネルギー消費量を100とすると，2009年度には206.3となり，2倍以上増加しています．

　図1の世帯あたりの電気使用量を見てみると，2009年では電気冷蔵庫14.2％，照明器具13.4％，テレビ8.9％，エアコン7.4％の順になっていて，電気冷蔵庫の使用量が一番多いことがわかります．電気冷蔵庫をはじめとする電化製品そのもののエネルギー消費効率の向上を図ることが必要不可欠です．

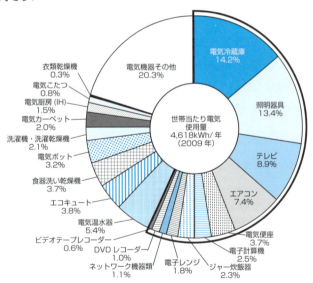

図1　家庭におけるエネルギー消費実態について
（資源エネルギー庁「平成22年度省エネルギー政策分析調査事業」より）

ちょこっと！コラム

2008年と2012年に発売されたいくつかの冷蔵庫の年間消費電力量（日本工業規格 (JIS) で規定された測定方法で使用したときの1年間に消費する電力量）を度数分布多角形＊にしたのが図2です．2008年の製品と比較して2012年の製品は，年間消費電力量が大幅に減少した製品がいくつもあることが度数分布多角形の形や中央値から読み取ることができます．

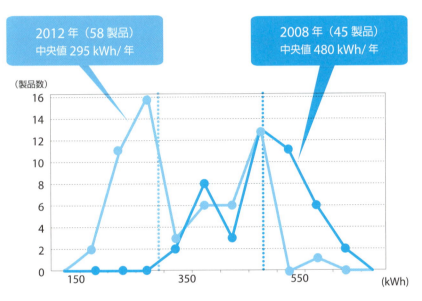

図2　冷蔵庫の年間消費電力量（間冷式　定格内容積 301～500 L）
（省エネルギーセンター「省エネ性能カタログ」2008年冬版，2012年夏版より）

＊ヒストグラムをつくる各長方形の上の辺の中点を順に線分で結んだもの．

練習問題 — 度数分布表とヒストグラム

解答はp.210です

問1 次のデータは，あるお店で1日に売れたソフトクリームの個数を2週間毎日記録したものです．このデータの分布の形状からわかることを説明しなさい．

53, 54, 67, 67, 74, 76, 78, 79, 79, 91, 92, 98, 105, 117

問2 次のヒストグラムは，夏休みに読んだ本の冊数を男女それぞれ40人に調査して集計したものです．ばらつきが大きいのはどちらですか．

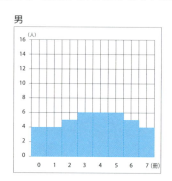
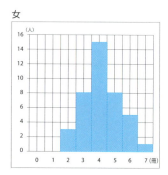

問3 次の表は，ある中学校の男子50人のハンドボール投げの記録をまとめたものです．表の中の ア ～ ウ に当てはまる数を，それぞれ求めなさい．

階級（m）	度数（人）	相対度数
13以上～15未満	2	0.04
15　～17	4	0.08
17　～19	ア	0.14
19　～21	10	0.20
21　～23	イ	ウ
23　～25	9	0.18
25　～27	5	0.10
27　～29	1	0.02
合計	50	1.00

【出典：平成24年度公立高等学校入学者選抜学力検査（北海道）】

練習問題　度数分布表とヒストグラム　95

問4　A，B，C の 3 つの中学校では，3 年生を対象に 1 日当たりの読書時間を調査しました．次の (1) は指示にしたがって答え，(2) は ☐ の中に当てはまる最も簡単な数を記入しなさい．

(1) A 中学校と B 中学校では，3 年生全員にアンケートを実施しました．次の表は，全員の回答結果を度数分布表に整理したものです．1 日あたり 30 分以上読書している 3 年生の割合が大きいのは，A 中学校と B 中学校のどちらであるかを，表をもとに，数値を使って ☐ の中に説明しなさい．

階級 (分)	度数 (人)	
	A 中学校	B 中学校
0 以上 ～ 15 未満	9	12
15　　～ 30	17	21
30　　～ 45	10	12
45　　～ 60	8	8
60　　～ 75	3	4
75　　～ 90	3	3
計	50	60

（説明）

(2) C 中学校では，3 年生 250 人全員の中から無作為に抽出した 40 人にアンケートを実施したところ，1 日あたり 30 分以上読書しているのは回答した 40 人のうち 16 人でした．このとき，C 中学校の 3 年生 250 人のうち 1 日あたり 30 分以上読書している人数は，約 ☐ 人 と推定できます．

【出典：平成 24 年度県立高等学校入学者選抜学力検査（福岡県）】

96　第 2 章　データのばらつきの表し方

問5 次の表 1 は，新潟県のある観測所における 平成 23 年 3 月 21 日から 31 日までの 11 日間について，それぞれの日の最高気温を毎日記録したものです．表 2 はこの記録を度数分布表にまとめたものです．このとき，表 1 の x は，表 2 のどの階級に入っているか答えなさい．

表 1

観測日	最高気温 (℃)	観測日	最高気温 (℃)
3 月 21 日	x	3 月 27 日	6.3
3 月 22 日	10.2	3 月 28 日	8.5
3 月 23 日	5.3	3 月 29 日	12.0
3 月 24 日	7.6	3 月 30 日	11.8
3 月 25 日	6.0	3 月 31 日	5.5
3 月 26 日	6.5		

表 2

階級 (℃)	度数 (日)
4 以上 ～ 6 未満	2
6 　～ 8	4
8 　～ 10	2
10 　～ 12	2
12 　～ 14	1
計	11

【出典：平成 24 年度県立高等学校入学者選抜学力検査（新潟県）】

3 数値による分布の要約

分布の特徴を表す基本統計量

分布の特徴は，次のような視点からつかみます．

① 単峰か多峰か？

② 単峰であれば，中心の位置（ピーク）は？ ちらばりの大きさは？

③ 対称か非対称か？

④ 外れ値はあるのか？

これまで見てきた度数分布表やヒストグラムからデータの特徴を読み取ろうとすると，階級幅の取り方によって印象が変わり，適切に読み取ることが難しかったり，見る人によって解釈が異なってしまう場合があります．たとえば，階級幅を小さくしすぎるとヒストグラムがぎざぎざして，ピークがいくつもあるような印象を与えます．そのため，度数分布表やヒストグラムによる分析に加えて，データの分布の特徴をさまざまな視点から数値で表現した指標[4]（基本統計量）を同時に求めます．

ここでは，②の中心の位置とちらばりの大きさをみる指標を学習しましょう．

---

[4] 指標とは物事を判断したり評価したりする際の目印のことです．統計では中心の位置やばらつき具合を判断するための値（平均値や範囲など）を「指標」と呼びます．中心の位置やばらつき具合を示す指標は基本統計量とも呼ばれ，分布を要約するための重要な数値です．

分布の中心の位置を示す指標　〜平均値・中央値・最頻値〜

データ全体をある1つの値で代表させるとしたら，それはどのような値でしょうか．たとえば，あるコンビニエンスストアで，月の前半の15日間と月の後半の16日間でツナおにぎりが1日何個売れたのかをまとめたデータが表2.3.8だったとします．

表 2.3.8　ツナおにぎりの販売個数

月前半の売上げ個数															
日	1	2	3	4	5	6	7	8	9	10	11	12	13	14	15
数	93	71	70	71	67	72	64	92	69	70	71	68	69	70	70

月後半の売上げ個数															
日	16	17	18	19	20	21	22	23	24	25	26	27	28	29	30	31
数	68	90	64	67	69	68	70	68	89	67	68	67	68	12	15	20

（単位：個）

このとき，月前半もしくは月後半のツナおにぎりの売れた個数の代表となる値を求めましょう．このようなとき役に立つのが分布の中心の位置を示す指標です．代表的な指標は，次の3つです．

代表値
　平均値（ミーン）
　中央値（メジアン）
　最頻値（モード）

それぞれの意味と違いをしっかり理解してデータの種類に応じた使い分けをしましょう．平均値，中央値，最頻値はどれも単位をもちます．たとえばkgという単位で測られた体重の平均値の単位はkgです．

3 量的データの分析 99

平均値（ミーン）

n 個の観測データを x_1, x_2, $\cdots$, x_n とすると，平均値 $\bar{x}$（エックスバー）は，次の式で求められます．

$$\bar{x} = \frac{1}{n}(x_1 + x_2 + \cdots + x_n)$$

中央値（メジアン）

n 個の観測データ x_1, x_2, $\cdots$, x_n を大きさの順に並べ替えたときに，ちょうど真ん中（中央）に位置する値を中央値（メジアンまたは中位数ともいう）といい，$\tilde{x}$（エックスチルダ）で表します．

n が奇数の場合は，小さい方から数えてちょうど $\frac{n+1}{2}$ 番目のデータの値，n が偶数の場合は，$\frac{n}{2}$ 番目のデータの値と $\frac{n}{2}+1$ 番目データの値の平均値がそれぞれ $\tilde{x}$ となります．

最頻値（モード）

最頻値は，度数の最も大きい値のことです．量的データの場合は，値の種類が多くなることもあるため，個別の値だけではなく度数分布表で最も度数の大きい階級または階級値を最頻値と呼びます．分布を示すグラフからも，目で見て確認することができ，データの傾向を確認できます．最頻値が複数存在するときは，異質なデータ（異なる種類のデータ）が混在している可能性を検討することが必要です．

実際に求めてみましょう

表 2.3.8 の月前半の 15 日間のおにぎりの個数 $(x_1, x_2, x_3, \cdots, x_n)$ = (93, 71, 70, $\cdots$, 70)，月後半の 16 日間のおにぎりの個数 $(x_1, x_2, x_3, \cdots, x_n)$ = (68, 90, 64, $\cdots$, 20) のデータでそれぞれ平均値，中央値，最頻値を求めてみましょう．

100   第2章　データのばらつきの表し方

平均値

月前半

$$\bar{x} = \frac{1}{n}(x_1 + x_2 + x_3 + \cdots + x_n) = \frac{1}{15}(93 + 71 + 70 + \cdots + 70)$$

$$= 72.5 \,(\text{個})$$

月後半

$$\bar{x} = \frac{1}{n}(x_1 + x_2 + x_3 + \cdots + x_n) = \frac{1}{16}(68 + 90 + 64 + \cdots + 20)$$

$$= 60.6 \,(\text{個})$$

中央値

月前半の場合は，大きさの順に並べ替えると，$n=15$ は奇数なので，

$\dfrac{n+1}{2} = 8$ で 8 番目に大きい値

64	67	68	69	69	70	70	70	70	71	71	71	72	92	93

$$\tilde{x} = 70 \quad (\text{個})$$

が中央値です．

月後半の場合は $n=16$ は偶数なので，$\dfrac{n}{2}=8$ 番目のデータの値と

$\dfrac{n}{2}+1=9$ 番目データの値の平均値として

12	15	20	64	67	67	67	68	68	68	68	68	69	70	89	90

$$\tilde{x} = \frac{68 + 68}{2} = 68 (\text{個})$$

となります．

3　量的データの分析　101

最頻値

　月前半の売上数は 70 が度数 4 で，最も頻繁に出てくるデータの値となるので，最頻値は 70(個) となります．同様に月後半の最頻値は 68(個) となります．

　70(個) と 71(個) がどちらも度数 4 で最大となるような場合には，70 も 71 も最頻値となるので注意しましょう．最頻値はある程度の度数が 1 点に集中しているときのみ，中心の位置を示す値としての意味をもちます．

▶ 平均値と中央値の特徴を比べてみよう！

　月前半の 15 日間のデータでの売上個数の平均値は 72.5 個，中央値は 70 個，月後半の売上個数のデータの場合，平均値は 60.6 個，中央値は 68 個と，データの中心位置を表すという同じ目的を持った指標にもかかわらず，特に月後半は値が大きく違っています．

　どのようなときに，平均値と中央値は同じような値をとり，どのようなときに，かけ離れた値をとるのでしょうか．また，それらの値が異なるとき，どちらの値をデータの代表値と考えたらよいのでしょうか．

　図 2.3.12 は，横軸（数値軸）上に，個々のデータ（黒丸）がばらついている状態を示しています．

　平均値は，データの値の場所に同じ重さのおもりを置いたときに，ちょうど釣り合う場所を求めていることになります．ちょうどバランスのとれる重心の位置と考えてよいでしょう．一方，中央値は，図 2.3.13 のように，その値より大きいデータの数と小さいデータの数が同じになる場所です．

図 2.3.12　平均値は，データがバランスよく釣り合う位置を示す

図 2.3.13　中央値は，データの個数を半分に分ける位置を示す

　もし，データが左右対称に分布していれば，平均値と中央値は同じ位置になります．しかし，たとえば図 2.3.14（ア）において，対称性が崩れて全体から片側に外れたデータが出てくると，平均値はその値に引き寄せられて，外れ値のある方向（分布の歪んだ方向）に偏った値となります（図 2.3.14（イ））．平均値は，代表値として最もよく使われる値ですが，データのすべての値をそのまま足し合わせて計算するため，極端に大きな値や小さな値の影響を受けやすいという欠点があるのです．

　一方，中央値はデータの値そのものの情報というよりは，順位の情報を主に利用しているので，分布の端のほうの極端な値の影響を受けずに，常にデータを半分に分ける位置を示します．

　したがって，外れ値がある場合や歪んだ分布では，平均値で分布の中心位置を判断することはできず，中央値で判断するほうが適切です．おにぎりの売上個数のデータ例では，月後半の場合，データの中に"12, 15, 20"という他のデータとは離れて小さな値（外れ値）があるため，平均値の 60.6 は中央値の 68 より小さくなっており，中央値の 68 のほうがデータの代表値（中心位置）としてはふさわしいということになります．

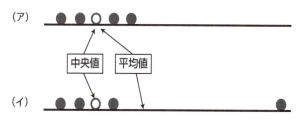

図 2.3.14　外れ値により集団の代表性を失う平均値

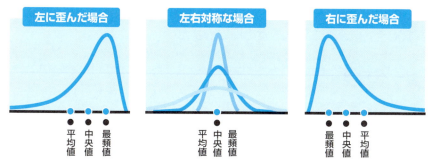

図 2.3.15　分布の歪みと代表値の関係

　図 2.3.15 は，分布の歪み（対称性からのずれ）と 3 つの代表値の大小の位置関係を表しています．

　左方向（値の小さな方向）に歪んだ（裾をひく，裾が長い）分布の場合，分布の中心位置に対してかけ離れた小さな値が出てくる傾向にあるので，3 つの代表値は一般に，

平均値 ＜ 中央値 ＜ 最頻値

の順になります．逆に右方向（値の大きな方向）に歪んだ（裾をひく，裾が長い）分布の場合，分布の中心位置に対してかけ離れた大きな値が出てくる傾向にあるので，3 つの代表値は一般に，

最頻値 ＜ 中央値 ＜ 平均値

の順になります．

　また，分布がほぼ対称な場合は，3 つの代表値がほぼ等しい関係

平均値 ≒ 中央値 ≒ 最頻値

になります．

3つの代表値の大小の位置関係を実際の例で見てみましょう．図2.3.16に示す日本の平成21年の貯蓄額を階級別にみた世帯数の相対度数分布を示すヒストグラム[5]を見ると，右に裾の長い，右に歪んだ分布になっていることがわかります．この場合は，異なる種類のデータが混在しているためにヒストグラムが歪んでいるのではなく，分布そのものがもともと歪んでいます．収入や貯蓄額などのデータの場合には，中心から外れた高い収入や貯蓄をたくさんしている人が存在し，このような分布になります．ここで平均値は1752万円，中央値は1036万円，最頻値（最頻階級値）は100万円未満です．大きさの順で表すと

最頻値 ＜ 中央値 ＜ 平均値

となっています．

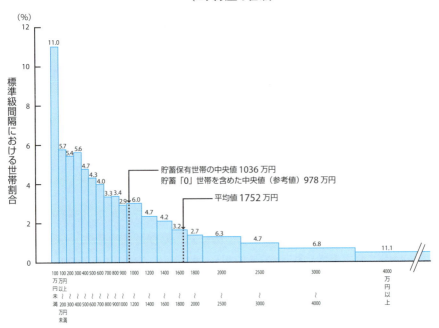

図 2.3.16　貯蓄現在高階級別世帯分布　2018（平成30年）
（出典：家計調査年報（貯蓄・負債編）2018（平成30年）貯蓄・負債の概況 貯蓄の状況）

[5] このヒストグラムは横軸の階級が不等間隔です（p.86 参照）．

3　量的データの分析　105

▶ 度数分布表から代表値を求める

平均値

　度数分布表を見れば，元のデータが手元になくても平均値などの代表値を近似的に求めることができます．表 2.3.9 に示すあるスポーツクラブの女性会員の平均体重の近似値は，階級値と度数の値を用いて計算できます．

$$\text{平均値}=\frac{(\text{階級値}\times\text{度数})\text{の合計}}{\text{度数の合計}}=\frac{0+15+125+280+225+55+0}{20}=\frac{700}{20}=35\text{kg}$$

表 2.3.9　あるスポーツクラブの女性会員の体重の分布

階級	階級値	度数（女性）	階級値 ×度数
10kg 未満	5	0	5 × 0 ＝　0
10kg 以上 20kg 未満	15	1	15 × 1 ＝　15
20kg 以上 30kg 未満	25	5	25 × 5 ＝ 125
30kg 以上 40kg 未満	35	8	35 × 8 ＝ 280
40kg 以上 50kg 未満	45	5	45 × 5 ＝ 225
50kg 以上 60kg 未満	55	1	55 × 1 ＝　55
60kg 以上 70kg 未満	65	0	65 × 0 ＝　0
合計		20	700

中央値

　度数分布表では中央値を元データと同じようには求められませんが，階級もしくは階級値で代用して考えることができます．表 2.3.10 において男女とも度数の合計は 20 なので，真ん中は 10 人目と 11 人目の間です．男性の中央値は 50kg 以上 60kg 未満（階級値 55kg の階級），女性は30kg 以上 40kg 未満（階級値 35kg の階級）となります．

106 第 2 章　データのばらつきの表し方

表 2.3.10　体重の度数分布表

階級	度数（人）	
	男性	女性
10kg 未満	0	0
10kg 以上 20kg 未満	0	1
20kg 以上 30kg 未満	1	5
30kg 以上 40kg 未満	2	8
40kg 以上 50kg 未満	4	5
50kg 以上 60kg 未満	6	1
60kg 以上 70kg 未満	7	0
合計	20	20

中央値:10番目と11番目の人が含まれる階級

女子の中央値は 30kg 以上 40kg 未満

男子の中央値は 50kg 以上 60kg 未満

最頻値

　表 2.3.10 に示す体重の度数分布表では，男性の最頻値は 60kg 以上 70kg 未満の階級，女性の最頻値は 30kg 以上 40kg 未満の階級です．また，表 2.3.11 のボール投げの記録では，女子は 15m 以上 20m 未満の階級，男子は 35m 以上 40m 未満の階級が最頻値です．このように体重やボール投げの記録などの連続データの度数分布から最頻値を求める場合には，最も度数の大きい階級を最頻値とします．

表 2.3.11　ボール投げの記録

階級	度数（人）	
	男性	女性
5m 未満	1	1
5m 以上 10m 未満	1	2
10m 以上 15m 未満	1	7
15m 以上 20m 未満	2	12
20m 以上 25m 未満	3	9
25m 以上 30m 未満	7	6
30m 以上 35m 未満	9	1
35m 以上 40m 未満	12	1
40m 以上 45m 未満	4	1
合計	40	40

女子の最頻値は 15m 以上 20m 未満の階級

男子の最頻値は 35m 以上 40m 未満の階級

代表値の特徴

　平均値，中央値，最頻値の 3 つの代表値は，分布の中心の位置を示す大変重要な指標です．データの件数が多い場合に，それらを 1 つの数値で要約することができ，データ間の比較もしやすくなります．男性と女性で代表値を比較したり，今年と去年で代表値の違いを比較するだけではなく，平均値と中央値などの代表値間の関係を知ることも重要です．表 2.3.12 に示す各代表値の特徴を理解したうえで，用途や目的に合わせて使い分けましょう．

表 2.3.12　代表値の特徴

		最頻値	中央値	平均値
位置の特徴		峰の位置	半分に分ける位置	釣り合う位置
質的データの場合		○	×	×
量的データの場合		○	○	○
分布の形	左右対称	○	○	○
	歪んでいる	○	○	×
	山が二つ	×	△	×
外れ値の影響		受けない	受けない	受ける
その他		階級の取り方によって変わる		他の指標を計算する場合などに活用できる

○：分布を代表する値に適している，×：分布を代表する値には適さない，△：注意が必要

108　第 2 章　データのばらつきの表し方

ばらつきを示す指標

範囲（レンジ）

　範囲とは，データの最大値と最小値の差のことです．中心の位置を示す
代表値だけでデータ全体の様子を把握をすることはできません．中心の位
置に加えて分布の広がりの大きさ（ばらつきの程度）を調べることが重要
です．

　たとえば，次に示す 8 世帯の年間所得データの範囲は 1680 万円，平
均は約 658 万円です．

　　　320 万円，395 万円，470 万円，480 万円，515 万円，
　　　530 万円，550 万円，2000 万円
　　　範囲＝最大値－最小値＝ 2000 － 320 ＝ 1680 万円

　また，別の 8 世帯の場合は，平均が同じく約 658 万円ですが，範囲は
220 万円と値は小さく，分布の広がりが狭いことがわかります．

　　　550 万円，580 万円，601 万円，645 万円，650 万円，
　　　705 万円，760 万円，770 万円
　　　範囲＝最大値－最小値＝ 770 － 550 ＝ 220 万円

　平均がほぼ同じでも，この 2 組のデータの分布には大きな違いがあり
ます．代表値だけを比べたのではこの違いを見落としがちなので注意が必
要です．また，範囲はデータのばらつきの程度を示す 1 つの指標ではあ
りますが，範囲の値のみでばらつきをすべて判断することはできません．
ヒストグラムの形状を目で見て確認することや，高等学校で学習する四
分位数，四分位範囲（p.109 ～ p.110 ページに紹介しています），標準偏差，
分散などの指標と合わせて検討する必要があります．範囲は，上の例が示
すように外れ値の影響を受けやすいので注意も必要です．

4 量的データを分析するためのその他のグラフや指標

▌ドットプロット：度数をドットで表現したグラフ

図 2.3.17 は，画面に画像が表示された瞬間にマウスをクリックする反応時間を計測するという実験の結果のグラフです．0 秒以上 0.2 秒未満の間に反応した人が 1 人，0.2 秒以上 0.4 秒未満で反応した人が 14 人といった度数を集計した結果を，ドットで表現したグラフです．

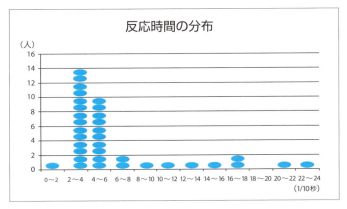

図 2.3.17　画面表示に反応した時間のドットプロット

▌四分位数：データ全体を 4 等分した際の境界となる値

たとえば図 2.3.18 のように 12 個のデータがあるとします．ここでは具体的な数字は示さず，記号●でデータを表現しています．データを小さいほう，あるいは大きいほうから見て，ちょうど真ん中にあたる値が中央値です．データが偶数個からなる場合には，真ん中に値はありませんので 6 番目と 7 番目の間が中央値になります．中央値は全体の半分 50%の位置を示す値で，第 2 四分位数または 50%点とも呼ばれます．

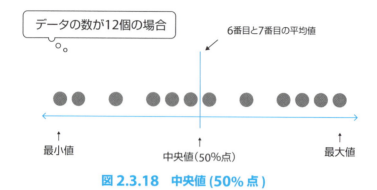

図 2.3.18　中央値 (50%点)

さらに，中央値を境にデータを2つに分けます．値の大きいほうのグループと小さいほうのグループです．そして，それぞれのグループで中央値を求めます．上から，または下から25%の位置を示す値です．

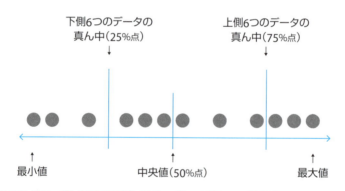

図 2.3.19　第1四分位数 (25%点) と第3四分位数 (75%点)

下から25%点を第1四分位数，50%点（中央値）を第2四分位数，75%点を第3四分位数と呼びます．第1四分位数から第3四分位数の間には，全体の50%のデータが入ることになります．この範囲を四分位範囲と呼びます．分析の対象となるデータの中心から半分のデータがこの間に入るということです．

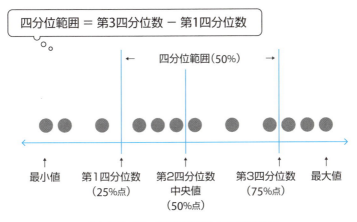

図 2.3.20　四分位数と四分位範囲

　四分位範囲の値が大きければ，データの中心部の広い範囲に分布し，ばらつきが大きいことを示します．逆に四分位範囲の値が小さければ，狭い範囲にデータの中心が集中し，ばらつきが小さいことを意味します．

パーセント点（またはパーセンタイル）

　四分位数（25％点）は，データを大きさの順に並べたときの値の小さい方または大きい方から四分の一（25％）の位置を示す値です．もっともよく使われるのは 50％（中央値），25％（第 1 四分位数），75％（第 3 四分位数）ですが，この他に，データ全体の小さい方から 40％や 90％などの位置を示す値を総称してパーセント点あるいはパーセンタイルと呼びます．

累積度数グラフ

累積度数グラフは，度数分布表の各階級の度数を累積した値をもとにした折れ線グラフです．表 2.3.13 の 50 個のスイカの重さを測った結果の度数分布表の累積度数の値を，各階級の上限の値に対応させて折れ線グラフを描いたものが累積度数グラフ (図 2.3.21) です．累積度数グラフを描くことにより，中央値，四分位数（25%点と75%点）を認識することが簡単にできます．

表 2.3.13　スイカの重さの度数分布表

階級	度数	累積度数
0kg 以上 2kg 未満	2	2 (= 2)
2kg 以上 4kg 未満	10	12 (= 2+10)
4kg 以上 6kg 未満	18	30 (= 2+10+18)
6kg 以上 8kg 未満	12	42 (= 2+10+18+12)
8kg 以上 10kg 未満	8	50 (= 2+10+18+12+8)
10kg 以上 12kg 未満	0	50 (= 2+10+18+12+8+0)
合計	50	

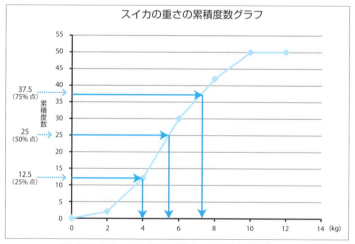

図 2.3.21　スイカの重さの累積度数グラフ

さらには，縦軸を累積相対度数に変更してグラフを描くことにより，図 2.3.22 に示すようにより詳細に，たとえば 90%点などを調べることができるようになります．データの全体像をとらえるためには，割合と対比させて分布をみることができる累積度数，累積相対度数のグラフが有効な手段です．

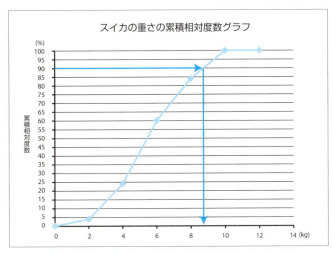

図 2.3.22　スイカの重さの累積相対度数グラフ

箱ひげ図：複数の分布を比較するのに便利なグラフ

箱ひげ図は，図 2.3.23 に示すように「箱」とそこからのびる「ひげ」を用いて分布の様子を表現するグラフです．高等学校で詳しく勉強する内容ですが，統計のグラフとしてはとても大切なグラフです．箱ひげ図を描くために必要な値は，5 数要約とよばれる「最小値」「第 1 四分位数」「中央値」「第 3 四分位数」「最大値」です．

図 2.3.23　箱ひげ図の箱とひげ

図 2.3.24 に示すように，箱から伸びるひげの左端が最小値，箱の左端が第 1 四分位数で，箱の右端が第 3 四分位数，ひげの右端が最大値に対応して描かれます．中央値は箱の中に直線で示されるのが一般的です．

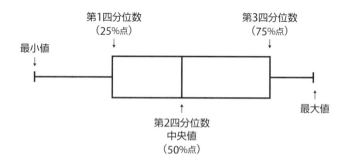

図 2.3.24　箱ひげ図と指標の関係

四分位範囲を示す箱の内側には中心の50％，外側には上下とも25％のデータが存在しているということになります．このように，データの中心50％を箱として表現し，両脇に残り25％をそれぞれひげとして示したグラフが箱ひげ図です．他に，平均値をアスタリスクなどの記号を使ってマークする場合もあります．

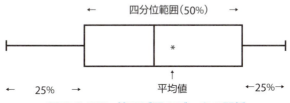

図 2.3.25　箱ひげ図のデータの関係

　このように真ん中の50％を強調したグラフは，データの中心がどこにあり，どのようにちらばっているかがよくわかります．グラフとしては簡単に作成できるので，異なるデータの箱ひげ図を並べて箱の位置や幅，ひげの長さを比較することにより，データの中心の位置とばらつき具合の違いを見ることができるのです．

　図2.3.26は，ある中学校の50m走の結果を男女別に箱ひげ図で表したものです．縦書きにしていますが，横書きの場合と同様に，箱の端がそれぞれ25％点，75％点の値，ひげの端が最大値と最小値に対応しています．箱の中の実線は中央値を示しています．

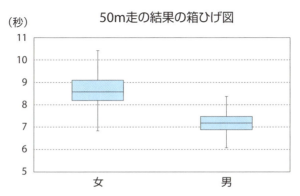

図 2.3.26　ある中学校の 50m 走の結果の箱ひげ図

116　第2章　データのばらつきの表し方

箱の位置を見ることで，中心の位置が男子のほうが小さい値を示していることがわかります．箱の幅やひげの長さで女子のほうがばらつきの程度が大きいこともわかります．また，これらの箱ひげ図に対応したヒストグラムの形状を想像できるようになることも重要です．

Excel による箱ひげ図の描き方

Excel 2019 で箱ひげ図を描いて小学校と中学校の 50 mの記録を比較しましょう．

①データの選択

まず初めに対象となるデータとして，図 2.3.27 のように A 列（学校）と J 列（50m 走）を選択します．隣り合っていない列やセルを選択する場合はコントロールキーを押しながら範囲選択しましょう．

	A	B	C	D	E	F	G	H	I	J	K	L
	学校	学年	性別	握力（右）（kg）	握力（左）（kg）	上体起こし（回）	長座体前屈（cm）	反復横とび（点）	20mシャトルラン（回）	50m走（秒）	立ち幅とび（cm）	ソフトボール投げ（m）
2	中学校	中2	女	28	29	27	55	46	72	8.1	200	13
3	中学校	中2	男	40	41	32	53	59	115	7.2	218	30
4	小学校	小4	男	13	14	20	29	46	87	9.1	148	22
5	中学校	中1	男	24	23	26	28	41	75	8.5	175	18
6	中学校	中3	女	24	21	27	50	42	56	9.2	182	13
7	小学校	小3	女	18	15	4	35	31	15	11.8	114	8
8	小学校	小2	男	7	7	7	14	38	44	10.6	130	23
9	小学校	小4	女	14	13	11	45	37	26	10.6	143	5
10	小学校	小1	男	9	8	8	15	27	10	12.9	95	7
11	小学校	小1	女	7	5	15	28	25	11	12.5	75	3
12	小学校	小4	女	14	11	16	51	29	32	9.7	140	10
13	小学校	小1	男	7	7	9	35	30	13	11.4	115	7
14	中学校	中1	女	14	17	22	49	40	67	9.4	184	14
15	小学校	小2	男	10	11	13	33	40	31	10.9	134	15
16	中学校	中1	女	19	17	25	38	40	65	9.2	153	11
17	小学校	小2	女	9	7	18	30	27	20	10.9	123	9
18	小学校	小2	女	9	8	13	29	24	18	12	116	8
19	小学校	小3	男	20	19	19	38	37	45	9.4	144	23

資料：科学の道具箱 体力測定データ

図 2.3.27　Excel による箱ひげ図の描き方①：データの選択

②グラフの挿入

「挿入」メニューから「統計グラフの挿入」→「箱ひげ図」を選択します．

3　量的データの分析　　117

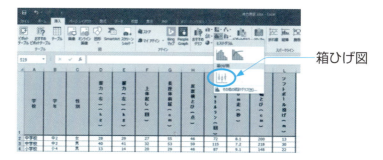

図 2.3.28　Excel による箱ひげ図の描き方②：グラフの挿入

以下のような，学校の種類（小学校，中学校）ごとの分布を示す箱ひげ図を描くことができます．

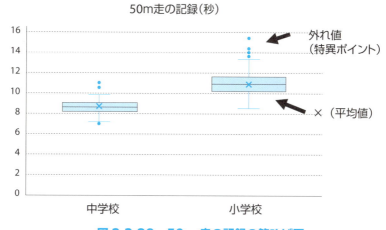

図 2.3.29　50m 走の記録の箱ひげ図

Excel の箱ひげ図では，四分位範囲の 1.5 倍を超えた値を外れ値（特異ポイント）として，ドット表示します．また，グラフ上の×マークは平均値の位置を示しています．

◆複数の結果を同時に比較するヒストグラム

A 列（学校），D 列（握力（右）），E 列（握力（左））を選択して箱ひげ図を描くこともできます．

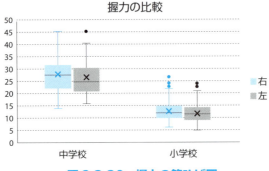

図 2.3.30　握力の箱ひげ図

▶ **散布図（相関図）：2 つの量的な項目のデータの分布を同時に表現し，関係を示すことができるグラフ**

（高校の数学の授業で勉強するグラフ）

たとえば，体重と身長にどんな関係があるのか調べたい場合には，それ

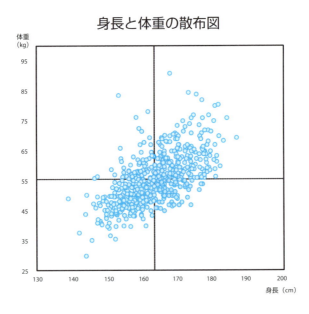

図 2.3.31　身長と体重の散布図

ぞれの値をx軸，y軸に対応させ，xy平面に打点することによって，散布図を描きます．xy平面上に現れる点の位置や形により関係の強弱を読み取ることができます．

図2.3.31は600人の中高生の身長を横軸に，体重を縦軸に対応させた散布図です．身長の値が大きくなると体重の値が大きくなるという右上がりの傾向を読み取ることができます．

図2.3.32は身長，体重，座高，握力，50m走それぞれの関係を示す散布図を同時に表示したグラフで，このようなグラフを散布図行列といいます．一見して関係の違いを見ることができますね．「科学の道具箱」を活用すると，こんなグラフも簡単に作成できます．

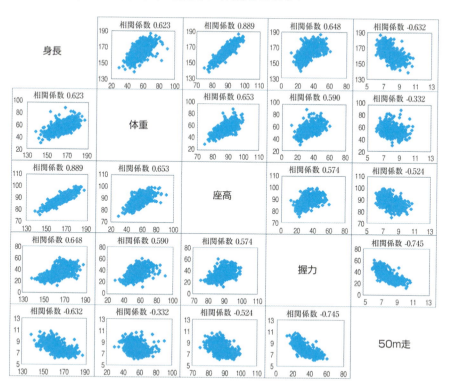

図2.3.32　身体測定結果の散布図行列

120　第 2 章　データのばらつきの表し方

練習問題 ▶ 量的データの分析

解答はp.210〜です

● 基 礎 編

問1　次のデータは 9 人の昨晩の睡眠時間です（単位：時間）．中央値は
いくらですか．

7.5　　7.25　　8.5　　8.0　　9.25　　8.5　　6.0　　9.0　　4.5

問2　花子さんの中学校で 1 学期に数学のテストが 5 回あり，花子さん
の最初の 3 回のテストの平均点は 60 点でした．4 回目と 5 回目
の得点がどちらも 75 点のとき，花子さんの 5 回のテストの平均
点を，次の ❶ 〜 ❺ のうちから一つ選びなさい．

❶　64.5 点
❷　66 点
❸　67.5 点
❹　69 点
❺　70.5 点

【2011 年 第 1 回統計検定 4 級：問 7】

問3　最頻値についての以下の説明のうち正しいものはどれでしょうか．

❶　たとえば，160.5cm といった個別の値が最頻値のとき，この値
（160.5）を含む階級の度数は最も大きい．

❷　最頻値以上の人と最頻値以下の人の数は常に等しい．

❸　最頻値は複数存在することもある．

問4 30人のクラスメートに1か月の小遣いの額を聞いたところ，15人が1000円，12人が1500円，3人が2000円と回答しました．このとき，このクラスの小遣いの平均値と中央値と最頻値を求め，その大小関係を示しなさい．

問5 次の図は，たかしさんのクラス12人の乳歯の抜けた本数を表しています．

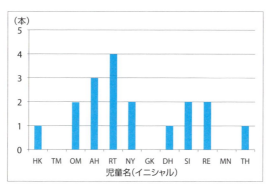

(1) 抜けた本数の平均値として正しいものを，次の ❶ ～ ❺ のうちから一つ選びなさい．

　❶ 1本
　❷ 1.25本
　❸ 1.50本
　❹ 1.75本
　❺ 2本

(2) 抜けた本数の中央値として正しいものを，次の ❶ ～ ❺ のうちから一つ選びなさい．

　❶ 1本
　❷ 1.25本
　❸ 1.50本
　❹ 1.75本
　❺ 2本

122　第 2 章　データのばらつきの表し方

(3) 抜けた本数の最頻値として正しいものを，次の ❶ 〜 ❺ のうちから一つ選びなさい.

❶ RT

❷ OM，NY，SJ，RE

❸ 2本

❹ 3本

❺ 4本

(4) 抜けた本数の範囲として正しいものを，次の ❶ 〜 ❺ のうちから一つ選びなさい.

❶ RT

❷ OM，NY，SJ，RE

❸ 2本

❹ 3本

❺ 4本

(5) 歯の抜けた本数は人によって違っているので，そのばらつき方（分布）をグラフに表すことにしました.
次の ❶ 〜 ❹ のうち最も適切なものを一つ選びなさい.

❶ 元のグラフで抜けた本数の多い順に生徒を並び替えたグラフ

❷ 元のグラフで抜けた本数の少ない順に生徒を並び替えたグラフ

❸ 元のグラフを棒から折れ線に変えたグラフ

❹ 抜けた本数ごとに人数 (度数) を数えて，抜けた本数を横軸に，人数 (度数) を縦軸にした棒グラフ

【2011 年 第 1 回統計検定 4 級：問 3】

問6 次の図は，あるクラスの15人が冬休みに読んだ本の冊数を，ヒストグラムに表したものです．この15人が読んだ本の冊数について，次のア〜エから正しいものを一つ選びなさい．

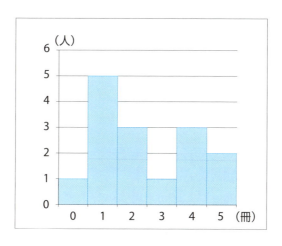

ア　分布の範囲は4冊である．
イ　最頻値（モード）は，5冊である．
ウ　中央値（メジアン）は，2.5冊である．
エ　平均値は，2.4冊である

【出典：平成24年度県立高等学校入学者選抜学力検査（秋田県）】

124　第2章　データのばらつきの表し方

● 応用編

問7　ある中学校のハンドボール投げの結果を男女別に整理したところ，次の度数分布表が得られました．なお，この学校では 50m 以上を記録した生徒はいませんでした．

階級	度数（人）	
	男子	女子
0m 以上 10m 未満	0	5
10m 以上 20m 未満	3	12
20m 以上 30m 未満	7	10
30m 以上 40m 未満	19	7
40m 以上 50m 未満	9	5
合計	38	39

（1）この表の階級幅は　　　　　　　　　である．

（2）10m 以上 20m 未満の階級値は　　　　　　　　　である．

（3）階級値を使って男子の平均値を計算しなさい．

（4）男子の結果の中央値が含まれる階級値と，女子の結果の中央値が含まれる階級値の差は　　　　　　　　　である．

（5）男子と女子それぞれの分布に関する特徴を記述しなさい．

問8 次の記述に最も合うヒストグラムを下の A〜E から選びなさい.

(1) 最頻値より平均値が大きい

(2) 左に裾を引いている

(3) 右に歪んでいる

(4) 外れ値がある

(5) 異質なデータが混在している可能性がある

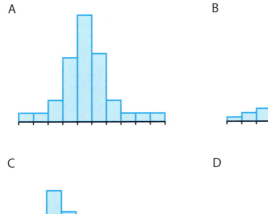

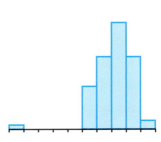

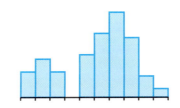

問9 次のAとBのヒストグラムについて正しい記述はどれですか．下の❶〜❺のうちからすべて選びなさい．

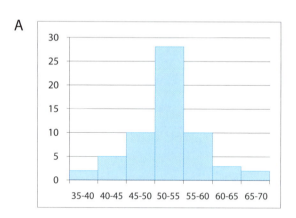

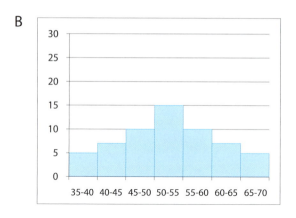

❶ AとBの平均は（ほぼ）等しい
❷ AとBの中央値は（ほぼ）等しい
❸ AとBの最頻値は（ほぼ）等しい
❹ AとBの範囲は（ほぼ）等しい
❺ AとBのちらばりの大きさは等しい

問10 次の表は，ある中学校の3年1組の生徒40人と3年2組の生徒40人の，夏休み中に読んだ本の冊数をまとめたものです．読んだ本の平均は，1組，2組どちらも3.3冊でした．

本の冊数(冊)	0	1	2	3	4	5	6	7	平均
1組(人)	2	3	6	8	13	7	1	0	3.3冊
2組(人)	3	12	4	2	3	5	8	3	3.3冊

下の図Ⅰは1組の生徒が読んだ本の冊数を表したヒストグラムです．次の(1)〜(3)の問いに答えなさい．

(1) 1組，2組それぞれにおける生徒の読んだ本の冊数の中央値を求めなさい．

(2) 2組の生徒が読んだ本の冊数を表すヒストグラムを，図Ⅱにかき加えて完成させなさい．

(3) 1組，2組の生徒が読んだ本の冊数を表したヒストグラムを比べて，分布の傾向の違いを書きなさい．

図Ⅰ 1組

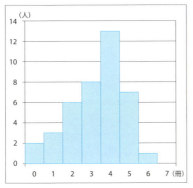

図Ⅱ 2組

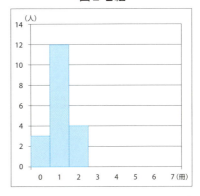

【出典：平成24年度県立高等学校入学者選抜学力検査（群馬県）】

128　第 2 章　データのばらつきの表し方

問11　クリスティーナは 1 日にどのくらい水を飲むかを，200 人にたずねました．結果は次の表に示す通りです．

飲んだ水の量（リットル）	人数
0　より大　0.5 以下	8
0.5 より大　1　　以下	27
1　より大　1.5 以下	45
1.5 より大　2　　以下	50
2　より大　2.5 以下	39
2.5 より大　3　　以下	21
3　より大　3.5 以下	7
3.5 より大　4　　以下	3
合計	200

（1）最も度数の多い階級はどれですか．

（2）平均値を求めなさい．

（3）累積度数を求めなさい．

（4）累積度数のグラフを描きなさい．

（5）累積度数グラフから次の値を調べなさい．

　　a.　中央値
　　b.　40％点
　　c.　1 日少なくとも 2.6 リットルの水を飲んでいる人の人数

（6）医師は，1 日に少なくとも 1.8 リットルの水を飲むように勧めています．この 200 人のうち水を飲む量が足りていない人は何％ですか．

【出典：IGCSE 数学 [6]（2009 Specimen Paper 4 ）】
Reproduced by permission of Cambridge International Examinations.

6　IGCSE（International General Certificate of Secondary Education）は，中等教育の成績を証明する国際試験です．対象は 16 歳．本書では，数学の試験の中から統計に関連した問題を紹介します．

練習問題　量的データの分析　129

問12　自転車の売り上げ台数に関する次のデータについて答えなさい.

月	火	水	木	金	土	日
13	10	7	7	15	17	77

(単位：台)

(1) 中央値, 平均値, 最頻値のうち, このデータの中心を示す値に最も適しているのはどれでしょう. 理由も説明しなさい.

(2) 日曜日のデータが 17 の誤りであることがわかりました. 平均値, 中央値, 範囲の値はどうかわるでしょう.

(3) 日曜日のデータが間違いであることが確認できなかったとして, あなたならこのデータをどう分析しますか.

問13　次の記録は, Tさんが所属している柔道部の男子部員 12 人全員が, 鉄棒で懸垂をした回数の記録です. 下の (1), (2) に答えなさい.

> 懸垂の回数の記録（回）
> 6, 5, 8, 3, 3, 4, 5, 24, 28, 3, 7, 6

(1) 平均値と中央値（メジアン）をそれぞれ求めなさい.

(2) Tさんの懸垂の回数は 8 回でした. 家に帰ると, 兄にTさん自身の懸垂の回数と, 柔道部員の平均値を聞かれました. それに答えると「平均値と比べると, 柔道部の男子部員の中では懸垂ができないほうだね.」と言われました. この兄の意見に対する反論とその理由を述べ, 代表値として平均値よりふさわしいものを書きなさい.

【出典：平成 24 年度県立高等学校入学者選抜学力検査（埼玉県）】

第3章
時系列データの基本的な見方

1 時系列データ

毎日の気温や月ごとの売上の記録など，時間に沿って等間隔に観測されるデータを時系列データといいます．データは一般に，年別，四半期別，月別，日別，時間別のように時点に対応して記録されています．時系列データは，横軸に時点，縦軸に対象となる変数をとった折れ線グラフで表すと，時間に沿って，左から右にデータがどのように変化するかを見やすく表現することができます．このようなグラフを時系列グラフといいます．

下の表 3.1.1 は，1920 年から 2010 年までの 10 年間隔で記録した日本の人口のデータ，図 3.1.1 はその時系列グラフです．時系列グラフは折れ線グラフの一種です．

表 3.1.1　日本の人口の推移（資料：国勢調査）

年	人口（千人）
1920	55,963
1930	64,450
1940	71,933
1950	83,200
1960	93,419
1970	103,720
1980	117,060
1990	123,611
2000	126,926
2010	128,057

図 3.1.1　日本の人口の推移を示す時系列グラフ（折れ線グラフ）

日本の人口は，1920年から2010年にかけて，単調に増加している（増加し続けている）ことがわかります．時系列グラフの直線の傾きは，その期間の人口の変化の大きさを表しています．1980年を境に，人口は増加しているものの以前と比べて，その増加の大きさは小さくなっていることが，直線の傾きが小さくなったことから読み取れます．

図 3.1.2 は，ソーセージやレトルト食品などのいろいろな食品の生産量の推移です．2014年までは4年間隔，2014年以降は1年間隔になっています．時間の間隔が異なるものを同じ幅で表してしまうと，折れ線グラフの傾きの意味が違ってしまうため，このようなグラフを描いてはいけません．横軸の間隔は，時間軸に沿うように表す必要があります．

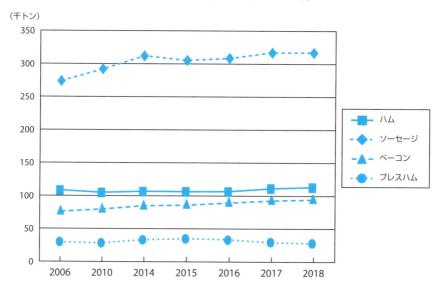

図 3.1.2 誤った時系列グラフの例

（資料：日本ハムソーセージ工業協力組合）

時系列データの変化を見るとき，短期的な上下の細かい変動ではなく，上昇傾向または下降傾向，横ばいなど，長期的な傾向（トレンド）を見るようにします．図 3.1.3 のようかんの価格の推移には，長期的な傾向として明らかな上昇トレンド，図 3.1.4 のえのきだけの価格の推移には，下降トレンドが見てとれます．これらの図は指数（p.140）を示しています．

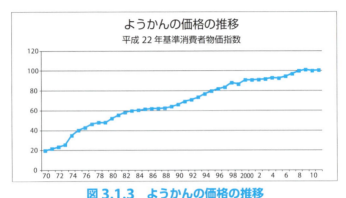

図 3.1.3　ようかんの価格の推移
（資料：総務省「消費者物価指数（品目別価格指数）」）

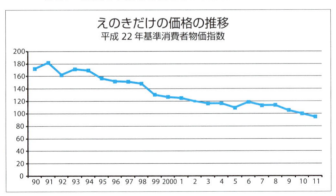

図 3.1.4　えのきだけの価格
（資料：総務省「消費者物価指数（品目別価格指数）」）

長期的な傾向とは別に，季節ごとに繰り返す規則的な動きが混在していることもあります．より専門的な分析では，これら種類の異なる原因ごとにデータを分解して，不規則で解釈が困難な変動を取り除くなどの処理も行います．

例題3

次のグラフは1880年から2010年までの東京の各年の平均気温の推移を示しています。このグラフから読み取れることとして、次の①〜⑤のうちから最も適切なものを一つ選びなさい。

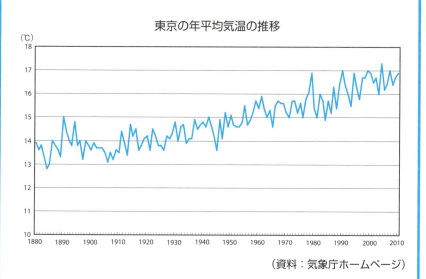

（資料：気象庁ホームページ）

① ばらついていて傾向がない
② 長期的にみれば上昇の傾向がある
③ 単調に上昇している
④ 変化がない
⑤ ばらつきがない

正解は ②．気温の値は、直線的（単調）に増加し続けてはいないが、上下動を繰り返しながら長期的にみると上昇しています。

【2011年 第1回統計検定4級：問12】

データからみえる"未来"と つくる"未来"

文部科学省国立教育政策研究所学力調査官（教育課程調査官） 佐藤寿仁

テレビや新聞の報道などで温暖化問題や気温の上昇についてよく取り上げられますね．毎日新聞（2011 年 7 月 3 日）に「札幌冬の気温 100 年で 6.5℃上昇」という記事が掲載されました．

これは 1931 年から 80 年間の 1 月の最低気温のデータから気象庁が計算して発表したものです．具体的には，まず，80 年間のデータに傾向を示す直線（回帰直線）として，$y = 0.0646x - 135.98$ をあてはめ，その直線の傾きから 1 年で 0.0646℃上昇することを読み取って，その後の 20 年間を予測し，100 年間で 6.5℃上昇という数値を報道発表しました．これは中学 2 年 1 次関数の学習内容でできますので，みなさんも一緒に確認してみましょう（図 1）．

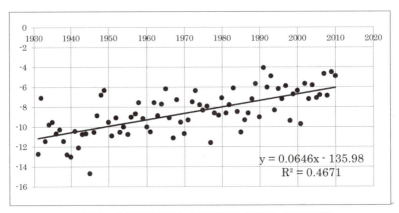

図 1　札幌市の年ごとの最低気温（平均）の回帰直線

まず，関数電卓を使って札幌市と盛岡市のそれぞれの 80 年間のデータで回帰直線をつくってみましょう．次に，この 2 つの都市における回帰直

線の式（札幌市：$y=0.027x-44.863$，盛岡市：$y=0.016x-22.309$）の傾きから，両都市の気温上昇について比べてみましょう．この場合，札幌の傾きの方が大きいので，札幌の気温上昇の方が盛岡市より大きいと判断することができます．

また，データの初年度である 1931 年では，盛岡市よりも札幌市のほうが年平均気温は低いけれども，傾きは札幌市の方が大きいので，2 つの回帰直線が今後どこかで交わり（図2），札幌市の気温は盛岡市よりも高くなる（2118 年ごろ）ということも読み取れます．しかし，これはあくまで 80 年間分のデータからの回帰直線であって，20 年先はともかく 100 年先まで同じ傾向で予測をすることは難しいでしょう．短い期間なら傾向を示す直線の延長で予測してもいいかもしれませんが，長期的な気温上昇を直線で表すことに問題があるからです．ただ，2 つの市の差は小さくなりつつあるということはわかりますね．

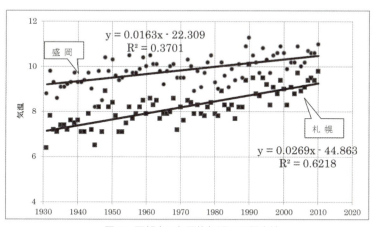

図2　両都市の年平均気温の回帰直線

2 ┃ 移動平均

　時系列データには，長期的な傾向や季節的な変化のパターンなどの意味のある動きに加えて，その時点ごとに不規則な値の変化が含まれています．この不規則な値の変化が大きい場合，元のデータから傾向を読み取ることが難しくなります．このような場合に，傾向を読みやすくするため，一定の期間毎にずらしながら平均をとる移動平均と呼ばれる手法が使われます．平均をとることで，細かな値の上下動を打ち消して，傾向が見やすくなります．下の表は，ある全国展開のコンビニエンスストアで日別にとられたおにぎりの販売個数の時系列データの 3 時点（3 日）移動平均を計算で求めている例です．

$$\frac{5563 + 5550 + 5550}{3}$$

表 3.2.1　日別データの 3 日移動平均の例

	おにぎりの販売個数	3 日移動平均
1 日	5563	
2 日	5550	5554
3 日	5550	5529
4 日	5488	5517
5 日	5513	5484
6 日	5450	5471
7 日	5450	5446
8 日	5438	5450
9 日	5463	5450
10 日	5450	

　次の図 3.2.1 は，日別データで 7 日の移動平均（短期的傾向）と 42 日の移動平均（長期的傾向）を示しています．このように，移動平均は平均をとる期間を長くすればするほど，より長期のなだらかな傾向を示します．

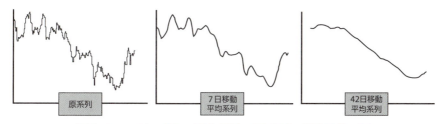

図 3.2.1　おにぎりの販売個数の原系列と移動平均の例

　前節の例題 3（p.135）で示した折れ線グラフは，1880 年から 2010 年までの東京の年平均気温の推移を示す時系列グラフです．

　年平均気温は長期的には単調に増加していますが，年ごとにみると，気温は上下に不規則に動いています．そこで，1880 年〜 1884 年の平均，1881 年〜 1885 年の平均というように期間をずらしながら平均値を求め，その 5 年移動平均をグラフにすると，変動がなめらかになり，気温が上昇している傾向が読み取れます（図 3.2.2）．

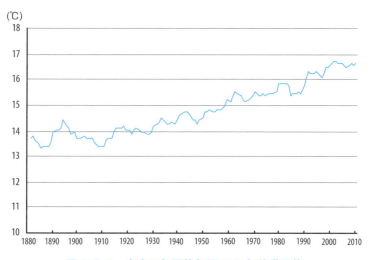

図 3.2.2　東京の年平均気温の 5 年移動平均

　移動平均を使って，複雑な変動をしている時系列データの変化を滑らかにすると，その延長上で将来の予測をすることもできます．

140　第 3 章　時系列データの基本的な見方

3 指数・増減率・成長率

1 指　数

　時系列データの指数とは，基準時点の値を 100 とし，その他の時点の値をその相対値で表したものです．もとの時系列データを指数に変換することで，基準時点に対しての変化の大きさを読むことができます．

指数の計算式は，

$$
比較時点\ t\ での指数\ =\ \frac{比較時点\ t\ での値}{基準時点\ t_0\ の値}\times 100
$$

となります．

表 3.3.1　人口の推移（資料：国勢調査）

年	人口（千人）	指数 （基準年＝ 1920 年）
1920	55,963	100.0
1930	64,450	115.2
1940	71,933	128.5
1950	83,200	148.7
1960	93,419	166.9
1970	103,720	185.3
1980	117,060	209.2
1990	123,611	220.9
2000	126,926	226.8
2010	128,057	228.8

　表 3.3.1 は，1920 年の人口を基準に 1930 年以降の人口を指数で小

数点第 1 位まで表したものです．たとえば，1950 年の人口指数は，

$$\frac{83,200}{55,963} \times 100 \approx 148.7$$

で求められます．指数が 148.7 であることから，1950 年の人口は 1920 年の人口の約 1.49 倍になったことがわかります．

　指数はまた，複数の時系列データの変化の大きさを比べるときに便利な指標です．表 3.3.2 と図 3.3.1 は，年齢区分別にみた日本の人口の推移を表しています．

　65 歳以上の人口（老年人口）は，生産年齢人口（15 歳～64 歳）に比べ値そのものが少ないので，上昇はしているものの一見するとその変化は生産年齢人口の変化に比べて小さいように見受けられます．

表 3.3.2　年齢区分別人口の推移（資料：国勢調査）

年	15 歳未満	15 ～ 64 歳	65 歳以上
1920	20,416	32,605	2,941
1930	23,579	37,807	3,064
1940	26,383	42,096	3,454
1950	29,430	49,661	4,109
1960	28,067	60,002	5,350
1970	24,823	71,566	7,331
1980	27,524	78,884	10,653
1990	22,544	86,140	14,928
2000	18,505	86,380	22,041
2010	16,839	81,735	29,484

単位：千人

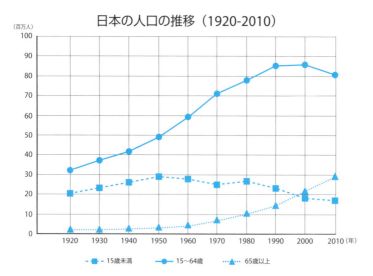

図 3.3.1　年齢区分別人口の折れ線グラフ

ここで，表 3.3.2 と同様に，各年齢区分で 1920 年の人口を基準にした指数を求めてみましょう．その結果が，表 3.3.3 と図 3.3.2 です．表 3.3.2 に示した人口の値ではなく，1920 年からの相対的な変化の大きさに着目すると，老年人口は 2010 年時点で 1920 年の約 10 倍に至るなど，生産年齢人口の増加を圧倒的に上回る勢いで伸びていることがわかります．ただし指数での変化はあくまでも基準時点の大きさに対する相対的な変化を示し，増加量の値そのものの比較ではないことに注意してください．

表 3.3.3　データの指数化

年	15 歳未満	15〜64 歳	65 歳以上
1920	100	100	100
1930	115	116	104
1940	129	129	117
1950	144	152	140
1960	137	184	182
1970	122	219	249
1980	135	242	362
1990	110	264	508
2000	91	265	749
2010	82	251	1,003

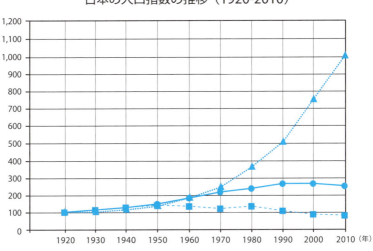

図 3.3.2 年齢区分別人口指数の折れ線グラフ

2 増加（減少）率

　時系列データの変化に関して，指数と同様に基準時点からの変化の大きさを見るための指標が，増加率（減少率）です．基準時点からの変化量を基準時点の値で割って求められます．増加率は，データの値を使っても指数の値を使っても，どちらでも同様に求めることができます．

$$\text{比較時点 }(t)\text{ での増加(減少)率} = \frac{\text{比較時点 }t\text{ の値} - \text{基準時点 }t_0\text{ の値}}{\text{基準時点 }t_0\text{ の値}}$$

　たとえば，1920 年を基準とした 1950 年の日本の総人口の増加率は

1950 年の人口の増加率
$$= \frac{83{,}200 - 55{,}963}{55{,}963}$$
$$\fallingdotseq 0.487 \ (48.7\%)$$

となります．

3 成長率

成長率とは，その時点の値を一つ前の時点の値と比較して，増加（減少）率を求めたものです．成長率の推移を時間軸に沿って見ることで変化の勢いがどう変わっていっているのかがわかります．とくに，実質 GDP（国内総生産）の成長率をその国の経済成長率といいます．他にも，特定商品の売上高の成長率を見ると，その商品が市場において成長期にあるのか衰退期に入ったのかなどの判断のヒントになります．図 3.3.3 は，先に例示した年齢区分別の人口の成長率を求めたものです．生産年齢人口の成長率は，1970 年以降，減速している様子がよくわかります．

表 3.3.4　年齢別人口の 10 年ごとの成長率

年	15 歳未満	15 〜 64 歳	65 歳以上
1930	15.5%	16.0%	4.2%
1940	11.9%	11.3%	12.7%
1950	11.5%	18.0%	19.0%
1960	-4.6%	20.8%	30.2%
1970	-11.6%	19.3%	37.0%
1980	10.9%	10.2%	45.3%
1990	-18.1%	9.2%	40.1%
2000	-17.9%	0.3%	47.6%
2010	-9.0%	-5.4%	33.8%

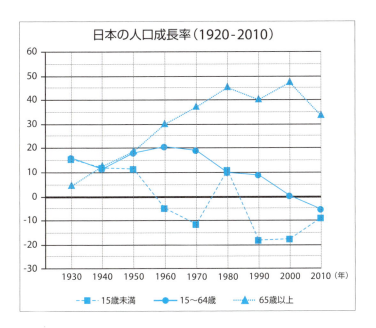

図 3.3.3　年齢区分別人口の 10 年ごとの成長率のグラフ

1950 年の生産年齢人口の成長率 18.0% は，1940 年の生産年齢人口を基準に増加率として，次の式で求めています．

$$1950\text{年の生産年齢人口の成長率} = \frac{49{,}661 - 42{,}096}{42{,}096}$$
$$\fallingdotseq 0.18\,(18.0\%)$$

練習問題　時系列データ

解答はp.214～です

問1 次のグラフは医療・福祉，複合サービス業，建設業で働く人の数を月別に示した折れ線グラフです（複合サービス業とは郵便局，農業協同組合等を示します）．

（資料：総務省「労働力調査」）

（1）このグラフを見てわかることを書きなさい．

（2）複合サービス業の値は，医療・福祉分野や建設業より値が小さく，このグラフでは変化の傾向を読み取ることが難しいです．このように，値の範囲の異なるデータを比較するために有効なデータの加工方法は何でしょうか．

(3) 次に示す 2018 年のデータに対して，Excel などの表計算ソフト
を使って（2）のデータ加工を行い，グラフを描き直しなさい．

月	就業者数（万人）		
	建設業	医療・福祉	複合サービス事業
1	508	807	62
2	497	786	57
3	501	799	58
4	504	825	55
5	494	841	53
6	513	844	55
7	508	859	57
8	517	846	56
9	518	827	56
10	497	837	59
11	502	858	54
12	482	842	56

問2 次のグラフは農業・林業で働く人の数を示した折れ線グラフです．

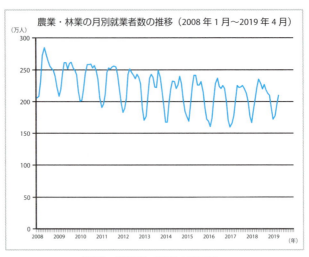

（資料：総務省「労働力調査」）

(1) 2008年からの月ごとのデータは上下動を繰り返していて変化の傾向が読み取りにくくなっています．このようなデータにはどのようなデータ加工が効果的でしょうか．

(2) 下の表は2008年から2018年の農業・林業の年平均就業者数を示しています．2008年を基準とした増加率と成長率を求めなさい．

年	就業者数（万人）	増加率 基準：2008年	成長率
2008	247		
2009	244		
2010	237		
2011	231		
2012	225		
2013	218		
2014	210		
2015	209		
2016	203		
2017	201		
2018	210		

第4章
確率の基礎

150　第4章　確率の基礎

1 起こりやすさを考える

　ある不確実な事柄（事象といいます）の起こりやすさを0から1の数字で表したものが，その事柄の確率です．たとえば，公平なサイコロをなげた時，1の目の出る確率は $\frac{1}{6}$ です．これを

$$1 の出る確率 = P(1 の目) = \frac{1}{6}$$

と表します．Pは英語で確率を表す probability の頭文字です．

　スポーツの勝敗などを考える場合も，確率を使って考えることができます．たとえば明日A校とB校のバスケットボールの今年の初試合が予定されているとしましょう．昨年A校とB校は10回試合を行ってその成績が5勝5敗で，今年もそれぞれ実力が同じくらいであれば，A校が勝つのは「半々」と考えることができます．半々であることを数字で表すと

$$A 校が勝つ確率 = P(A 校が勝つ) = \frac{1}{2}$$

となります．今年はA校のチームがよく練習して，A校のほうが強いと考えられれば

$$P(A 校が勝つ) > \frac{1}{2}$$

となります．A校にスター選手がたくさん入学してA校が「十中八九」勝つと考えられれば

$$0.8 \leqq P(A 校が勝つ) \leqq 0.9$$

となります．

　この例の場合，

$$P(A 校が勝つ) = 0.815397$$

のように確率を非常に正確にとらえることは難しいように思われますが，不確実さの程度を考えるのに，確率をできるだけ正確にとらえることは大事です．明日が学校の運動会の日で，天気予報で明日の降水確率が0.4

となっていたら，学校の先生はどうしようか悩むことでしょう．降水確率が 0.8 ならば，運動会の延期を考えるかもしれません．

　確率がより具体的に計算できる場合として，次の 2 つの考え方があります．

（ⅰ）理論的確率（数学的確率）

同様に確からしい事象の起こる場合の数によって数学的に計算される確率

（例）コインの表が出る理論的確率　$P(表) = \dfrac{1}{2}$

　　　サイコロで 6 の目が出る理論的確率　$P(6) = \dfrac{1}{6}$

（ⅱ）経験的確率（統計的確率）

実際の場面で実験や試行を多数回繰り返した場合に，起こった結果の度数に基づいて推定される確率

（例）下の表は実際に 25 回,サイコロを振って出た目の数を表しています．

5	6	2	1	2	1	5	1	2	3	2	1	4
1	1	6	2	5	5	6	5	1	4	1	2	

　このとき，この実験でサイコロの 6 の目が出る経験的確率は

　　　$P(6) = \dfrac{3}{25}$

です．別の人が 25 回サイコロを振ると，結果が異なることもあります．つまり経験的確率は，実験が異なれば値が異なってくるものです．ただし，試行の回数を増やしていけば，経験的確率は理論的確率に近づいていきます．経験的確率は試行の総数が十分大きい時に使います．たとえばコインを 3 回だけ投げて，3 回とも表の時に表の確率を 1 とすることは不適切です．

2 理論的確率

場合の数

ある事象が起こるとき，その起こり方の種類の数を場合の数といいます．起こり方が何通りあるかを，もれなく，重複せずに数えあげることが必要です．

樹形図

場合の数をもれなく数えあげる方法として，樹形図があります．樹形図とは，それぞれの場合を枝分かれの図で描き表す方法です．

コイン投げの場合には，1回コインを投げると表か裏の2通りの場合があります．たとえば，3回投げた場合には，図4.2.1のように，1回目に表と裏の2通り，2回目と3回目にもそれぞれに表と裏があるので，すべてを描きだすと樹の枝のようになります．

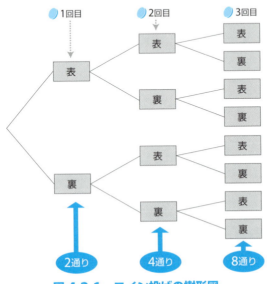

図 4.2.1　コイン投げの樹形図

樹形図の応用としてくじ引きを考えてみましょう．いま，箱の中に3本のくじがあり，その中の1本が当たりくじとします．この箱からA，B，Cの3人の生徒が順番にくじを引くとします．くじを引く順番で当たりくじを引くことに有利不利が生じるでしょうか．

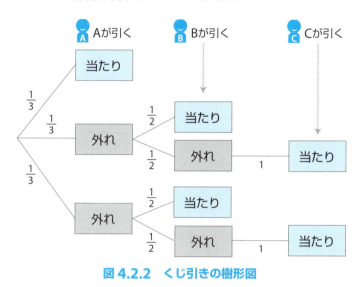

図 4.2.2　くじ引きの樹形図

図 4.2.2 の樹形図で考えると

$$P(A が当たりくじを引く) = \frac{1}{3}$$

$$P(B が当たりくじを引く) = \frac{2}{3} \times \frac{1}{2} = \frac{1}{3}$$

$$P(C が当たりくじを引く) = \frac{2}{3} \times \frac{1}{2} \times 1 = \frac{1}{3}$$

となり，くじを引く順番で有利不利はないことがわかります．

和の法則

　2つの事柄 A と B があり，これらは同時に起こらないとします．A の場合の数が a 通り，B の場合の数が b 通りとすると，A または B のいずれかが起こる場合の数は，$a+b$ 通りです．これを和の法則といいます．

154   第4章　確率の基礎

▶ 理論的確率

　ある事柄について, どの場合が起こることも同様に確からしいとします. 起こりうるすべての場合が n 通り, A が起こる場合が a 通りあるとき,

$$P(A) = A\text{ の起こる確率} = \frac{a}{n}$$

となります.

　ある事柄の起こる確率を求める場合には,

　　・起こりうるすべての場合の数を数える
　　・ある事柄が起こる場合の数を数える
　　・ある事柄の場合の数を起こりうるすべての場合の数で割る

のようにします. たとえば, ある商店街でくじ引きを行いました. くじは 100 本, そのうち当たりくじは 10 本入っています. このとき, 当たりくじを引く確率は

$$\frac{当たりの場合}{すべての場合} = \frac{10}{100} = \frac{1}{10}$$

となります.

　確率は 0 と 1 の間の値をとります. 確実に起こる事柄の確率は 1, まったく起こらない事柄の確率は 0 です. すべての場合の確率を足し合わせると 1 になります. ゆがみのないのサイコロを投げたとき, 1 の目が出る確率は $\frac{1}{6}$ です. 2 の目も, 3 の目も同じく確率は $\frac{1}{6}$ なので, すべてを合計すると $\frac{1}{6} + \frac{1}{6} + \frac{1}{6} + \frac{1}{6} + \frac{1}{6} + \frac{1}{6} = 1$ となります.

例題 4

コインを 3 回投げて表が 1 回出る確率を求める式を，次の①〜④のうちから一つ選びなさい．

① $\dfrac{1}{2}$

② $\left(\dfrac{1}{2}\right) \times \left(\dfrac{1}{2}\right)$

③ $\left(\dfrac{1}{2}\right) \times \left(\dfrac{1}{2}\right) \times \left(\dfrac{1}{2}\right)$

④ $3 \times \left(\dfrac{1}{2}\right) \times \left(\dfrac{1}{2}\right) \times \left(\dfrac{1}{2}\right)$

【2011 年 第 1 回統計検定 4 級：問 11】

　正解は ④ です．公平なコインについては，表と裏が出ることは同様に確からしく，コインを 1 回投げる場合，表が出る確率も，裏が出る確率も $\dfrac{1}{2}$ です．コインを 2 回投げる場合，図 4.2.1 の樹形図で 2 回目まで考えると，結果は $2 \times 2 = 4$（通り）あり，いずれの場合も同様に確からしいので，確率はいずれの場合も $\dfrac{1}{4}$ と考えられます．これは独立な試行という考え方を用いると $\dfrac{1}{2} \times \dfrac{1}{2} = \dfrac{1}{4}$ という式で表現することができます．コインを 3 回投げる場合にも同様に，$\dfrac{1}{2} \times \dfrac{1}{2} \times \dfrac{1}{2} = \dfrac{1}{8}$ となります．このうち表が 1 回しか出ないのは，図 4.2.1 の樹形図で（表，裏，裏）（裏，表，裏）（裏，裏，表）の 3 通りなので，その確率は $3 \times \dfrac{1}{2} \times \dfrac{1}{2} \times \dfrac{1}{2}$ という式で求めることができます．

156　第4章　確率の基礎

3　経験的確率

　表4.3.1は，野球部のあきお君のこれまでの打席の記録です．次の打席で，あきお君が2塁打を打つ確率はどれくらいになるでしょうか．これは，記録から計算される経験的確率で，

$$P（2塁打）= \frac{8}{100} = 0.08$$

とすればよいでしょう．確率は，％で表すこともあります．あきお君が2塁打を打つ確率は8％と推定されます．

　このように，経験的確率とは，度数分布表における相対度数と同じです．

　野球やサッカーなどのスポーツの記録を分析するときにも，経験的確率の考えを活用することができます．

表4.3.1　あきお君の打席数

記録	打席数
ホームラン	4
3塁打	0
2塁打	8
単打	20
四球	10
死球	5
アウト	53
合計	100

　表4.3.2は，ダルビッシュ投手が2008年の1シーズンで投げた球種の割合（相対度数）を表にしたものです．ストレートを投げる確率が44％あるといえます．ダルビッシュ投手の投球数は多いので，経験的確率で考えることができます．

表4.3.2　ダルビッシュ投手の球種別投球の割合（％）

ストレート	スライダー	カーブ	シュート	その他	合計
44	21	12	8	15	100

ところが，右打者，左打者ごとにみると，以下のように変わります．

表 4.3.3　ダルビッシュ投手の打者別投球の割合（%）

	ストレート	スライダー	カーブ	シュート	その他	合計
右打者	41	33	6	13	7	100
左打者	47	9	18	4	22	100

　また，塁上のランナーやアウトカウントなどの条件によってもこの確率は変化します．このように，さまざまな条件ごとに分けたときの確率のことを「条件付き確率[7]」といいます．

　対戦する打者からみると，次に投げる球種がわかれば有利になります．つまり，ストレートの確率が 44% と言われるより，80% と言われたときのほうが打者にとっては予想がつきやすく有利です．そこで，ランナーの状況やアウトカウント，打者の能力など，さまざまに条件付けをした確率が詳細に調べられています．

---

[7]　条件付き確率は高校の数学で学ぶ内容ですが，条件別に確率を計算することは難しいことではありません．その必要性を理解し，分析に活用しましょう．

モンティホール問題
～勘より数学～

筑波大学附属桐ヶ丘特別支援学校教諭　中本信子

　モンティホール問題は，米国のあるゲームショーに由来してつけられた確率の問題です．数学的に導かれる確率と人の思いこみとのズレによって，多くの人が意外性を感じ惹き付けられる問題です．ゲームについて説明しましょう．

　登場人物は，回答者と司会者の2人のみです．回答者の目の前には3つのドアA，B，Cがあります．ドアの向こうには，1つはアタリの豪華な賞品，残り2つにはハズレの賞品があります．ゲームは①から⑤の順に従って展開されます．

① 回答者はどのドアに何が入っているのかはわかりません．一方，司会者はそれぞれのドアの向こうには何があるのかを知っています．

② 回答者はドアの1つを選びます．

③ 司会者は，②で回答者が選んだ以外の2つのドアのうち，ハズレの1つを選び，そのドアを開けます．

④ その後，司会者は回答者に，「最初に（②で）選んだドアのままでいいか，もう1つのドアに変更するか，どちらかを再度選ぶ権利を与えます」と言います．

⑤ 回答者は選ぶドアを変更（チェンジ）すべきか，そのまま（ステイ）にすべきかを決めます．

⑤で回答者は，残ったドア2つのうちの1つをひくことから，アタリを選ぶ確率は $\frac{1}{2}$ と感じるのではないでしょうか．また，「チェンジ」すべきか「ステイ」にすべきか迷うのではないのでしょうか．

では，回答者の迷いを解消するヒントについて，順を追って考えていきましょう．

> 残ったドア2つのうちの1つを選ぶ！アタリの確率は $\frac{1}{2}$ ？

ここで，回答者と司会者が選ぶことができるドアについて整理してみましょう．【図1】を見てください．

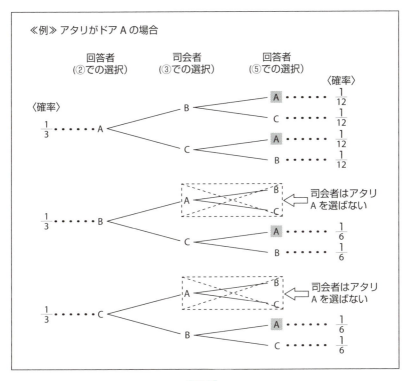

【図1】

②で3つのうちの1つのドアを選ぶことは同様に確からしい可能性で起こると考えられますから，確率は $\frac{1}{3}$ です．では，回答者が⑤で1つのドアをひく確率はいくつでしょうか．司会者の行動が左右しますから，【図1】で示した確率になります．次の≪例≫でこの確率を説明しましょう．

回答者が②でAを選び⑤でCをひく場合の確率は $\frac{1}{12}$
---

②でAを選ぶ確率は $\frac{1}{3}$ です．それが⑤では，4つの場合でどれも同様に確からしくひく可能性が考えられます．ですから，その1つは $3 \times 4 = 12$ で，Cをひく確率は $\frac{1}{12}$ となります．

回答者が②でCを選び⑤でAをひく場合の確率は $\frac{1}{6}$
---

②でCを選ぶ確率は $\frac{1}{3}$ です．それが⑤では，2つの場合でどれも同様に確からしくひく可能性が考えられます．ですから，その1つは $3 \times 2 = 6$ で，Aをひく確率は $\frac{1}{6}$ となります．

【図1】で，⑤での選択が同様に確からしい確率で起こると考え，回答者がアタリのドアAを選ぶことができる可能性を考えると，起こりうるすべての場合が8通り，そのうちAが起こる場合は4通りですから，アタリのドアAを選ぶ確率は $\frac{1}{2}$ となります．ですが，上記のように初め（②）からの条件を考えると，⑤での選択が同様に確からしい確率で起こるとはいえず，アタリのドアをひく確率は $\frac{1}{2}$ とはいえないことがわかります．

ちょこっと！ コラム　161

「チェンジすべきか」「ステイにすべきか」？？？

　では，回答者が初め（②）に選んでいない選択肢に「チェンジ」することで，アタリの確率を高めることができるのでしょうか．この疑問には，やはり【図1】から確率についてまとめた次の表で判断でき，答えることができます．

② ⑤	チェンジして アタリをひく確率	ステイして アタリをひく確率
A を選ぶ確率	0	$\frac{1}{6}$
B を選ぶ確率	$\frac{1}{6}$	0
C を選ぶ確率	$\frac{1}{6}$	0

　表の②でAを選び，⑤で「ステイ」にしてアタリをひく確率は，【図1】では回答者－司会者－回答者の順にA－B－AとA－C－Aの2つの場合ですから$\frac{1}{6}$です．表の②でB，⑤で「ステイ」にした場合，【図1】ではB－C－Bのみですから，アタリの確率は0となります．表からわかるように，「チェンジ」をしてアタリになる場合はA以外となり，「チェンジ」した方がその確率は高くなることがわかります．

　このモンティホール問題の面白いところは，直感はどうであれ，「チェンジ」した方がアタリの確率が高くなるというところです．

　あなたは物事を一度決めたら変えないステイ派ですか？　それともチェンジ派ですか？　モンティホール問題をヒントに，そんなことも考えてみてはどうでしょうか．

練習問題 確率

解答はp.215〜です

基礎編

問1 袋の中に 50 個のボールが入っています．色は，青と赤と緑の 3 色です．青を取り出す確率は 32%で赤を取り出す確率は 46%です．

(1) 青いボールは何個入っているでしょうか．

(2) 赤いボールは何個入っているでしょうか．

(3) 緑のボールは何個入っているでしょうか．

問2

(1) 5 つのディスクにはそれぞれ上のような数字が書いてあります．1 つのディスクを無作為に選びます．

　(i) 最も選ばれやすい数字はどれですか．

　(ii) 偶数の書かれているディスクを選ぶ確率はいくつですか．

　(iii) 偶数でかつ 20 の約数が書かれているディスクを選ぶ確率はいくつですか．

(2) 偶数が書かれているディスクから 1 つのディスクを無作為に選びます．書かれている数字が 20 の約数である確率はいくつですか．

【出典:IGCSE 数学（November 2010 Question Paper 13）】
Reproduced by permission of Cambridge International Examinations.

練習問題　確率　163

問3　あるインターナショナルスクールの 255 人の生徒の休暇中の居場所が次の表に示されています.

	男子	女子	合計
アジア	62	28	
ヨーロッパ	35	45	
アフリカ		17	
合計			255

（1）表を完成させなさい.

（2）無作為に選んだ 1 人の生徒がヨーロッパで休暇を過ごす女子生徒である確率を求めなさい.

【IGCSE 数学（November 2010 Question Paper 22）】
Reproduced by permission of Cambridge International Examinations.

問4　A と B の 2 つの箱にそれぞれくじが入っています. A の箱には当たりくじが 1 本, はずれくじが 5 本入っています. B の箱には当たりくじが 10 本, はずれくじが 50 本入っています. どちらの箱のほうが当たりくじを引く確率が大きいか, 次の ①〜⑤のうちから適切な内容のものを一つ選びなさい.

❶ 箱 A のほうが当たりくじを引く確率が大きい

❷ 箱 A と箱 B の当たりくじを引く確率は等しい

❸ 箱 B のほうが当たりくじを引く確率が大きい

❹ 箱 A と箱 B の当たりくじを引く確率は等しいか, 箱 A のほうが大きい

❺ 箱 A と箱 B の当たりくじを引く確率は等しいか, 箱 B のほうが大きい

164　第4章　確率の基礎

問5 サイコロを2回振って，少なくとも1回は3の倍数が出る確率はいくつですか．次の①〜⑤のうちから一つ選びなさい．

①　$\dfrac{1}{4}$　　②　$\dfrac{4}{9}$　　③　$\dfrac{5}{9}$　　④　$\dfrac{3}{4}$　　⑤それ以外

問6 あい子さんはサイコロを100回投げ，それぞれの目が何回出たか，記録をすることにしました．このサイコロの目の出方は同様に確からしいものとします．

(1) あい子さんは，6が出る回数を予測したところ，実際に6が出た回数と近くなりました．このとき，あい子さんが予測した値として最も適切なものを，次の①〜⑤のうちから一つ選びなさい．

①　$\dfrac{1}{6}$　　② 0.6　　③ 6　　④ 17　　⑤ 27

(2) あい子さんはサイコロを投げた結果を次の表のようにまとめました．

目の数	1	2	3	4	5	6
回数（回）	18	15	19	17	16	15

(i) 6の目の相対度数として正しいものを，次の①〜⑤のうちから一つ選びなさい．

①　$\dfrac{1}{6}$%　　② 0.6%　　③ 16%　　④ 0.15%　　⑤ 15%

(ii) 奇数の目の相対度数として正しいものを，次の①〜⑤のうちから一つ選びなさい．

① 53%　　② 47%　　③ 47回　　④ 53回　　⑤　$\dfrac{1}{6}$%

(iii) 経験的確率と理論的確率が最も近くなる目の数として正しいものを，次の①〜⑤のうちから一つ選びなさい．

① 1　　② 2と6　　③ 3　　④ 4　　⑤ 5

第5章
標本調査
―データの集め方

1 母集団と標本

1 母集団と標本

データを使ってグラフ，平均や比率などの値からデータが取られた背景全体の傾向を導き出すことは統計学の目的の一つです．例えば，選挙予測や世論調査の場合，有権者全体や国民全体の行動や意識に関しての知見を得ることが目的ですが，実際に調査の対象となってデータを取られる集団は，全体のほんの一部分でしかありません．

一般に，研究や調査で傾向を知りたい対象集団の全体を母集団と言い，具体的にデータを観測する母集団の一部を標本と言います．選挙予測や世論調査の例では，有権者全体や国民全体が母集団です．また，調査の対象となって意見を聞かれる集団が標本になります．

母集団全体を対象とする調査を全数調査と言います．日本で実施されている最も大規模な調査である国勢調査は，日本に住んでいる全ての人と世帯を対象とした国の最も重要な全数調査です．予算も大規模ですが，集計がまとまり確定値が発表されるまで，かなりの日数を要します．国勢調査は，国の政策決定に欠かせない基本となる大事な統計調査なので，全数調査を実施していますが，一般に，全数調査は母集団が大きな場合，時間と経費がかかりすぎて現実的ではありません．そこで多くの場合，標本という母集団の一部を形成して，その標本を調査する標本調査が実施されます．

■母集団（ポピュレーション）

興味や研究の対象となる個体（人，世帯，事業所，製品など）のすべてからなる集合

全数調査（センサスサーベイ）…国勢調査

■標本（サンプル）

母集団の一部で実際に調査や実験が行われる個体の集合

標本調査（サンプルサーベイ）…家計調査・視聴率調査など

---

2 統計的推測と標本誤差

標本調査のデータから母集団を推測することを統計的推測（図5.1.1）と言います．標本データから計算される標本平均値や標本比率などの統計量から，母平均や母比率などの母集団の特性値（母数）を推測します．

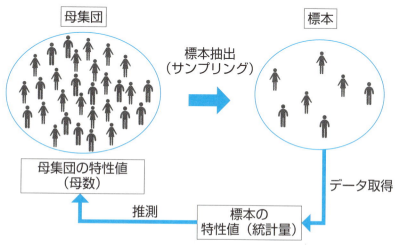

図 5.1.1　標本調査に基づく統計的推測の流れ

標本平均や標本比率は，一般に母平均や母比率とは一致しません．この差が調査に伴う誤差です．誤差には，全数調査をせずに標本調査をしていることにより起きる標本誤差と調査への非回答集団の存在や調査票への記入ミスなどの非標本誤差の2種類があります．

公式を使って標本誤差の大きさを数値で求める方法は，統計検定3級（統計的推測）で学びます．ここでは，標本誤差が適切に評価されるための標本抽出の方法として，無作為標本抽出（ランダムサンプリング）を学びます．無作為標本抽出によって得られた標本を無作為標本（ランダムサンプル）と言います．

2 標本抽出と調査の方法

1 標本抽出（サンプリング）

標本の中に含まれる調査対象の数 n を標本サイズ（標本の大きさ）と呼びます．標本数という言葉が使われることもありますが，標本を何組作るのかというような問題と混同することにもなり，統計学的には正しい使い方ではありません．

母集団から標本サイズ n の標本を作ることを，標本抽出（サンプリング）と呼びます（図 5.1.2）．標本から得られるデータから母集団について適切な推測をするためには，標本が母集団を代表する縮図になっていることが大切です．例えば，世論調査で，特定の職業や意見の人ばかりが多く含まれる標本を調査対象にしてデータを得ると，その人たちの意識が強く反映される偏った結果になります．

図 5.1.2

偏りのない標本を抽出するための方法として，以下の2つがあります．
・有意抽出法：調査研究の設計者など母集団の特性をよく知る人の経験によって，母集団を上手く代表する標本を選ぶ方法　例）性，年齢，職業，居住地域などの属性別の構成比率が，母集団上での比率と等しくなるように標本を構成する対象を選んでいく方法（クォータ・サンプリング法）．

・無作為抽出法（ランダムサンプリング法）：人為的な恣意性を全く排除し，母集団を構成する要素から確率的なルールで機械的に標本を選ぶ方法．この方法では，調査結果の精度（標本誤差）を理論的に評価することができる．

統計調査と呼ばれる多くの調査は，無作為抽出法が基本となっています．

2 BB 弾によるサンプリング実験[8]

意識調査や世論調査，視聴率調査などでは，賛成の人の割合や，支持率や，視聴率のような母（集団）比率を推定することを目的に標本調査が行われます．調査で得られる標本比率は母比率の推定に使用されますが，どのような誤差が発生するのか，BB 弾によるサンプリング実験で確かめてみましょう．

図 5.1.3 の左の水槽には白い BB 弾が 75,000 個，黒い BB 弾が 25,000 個入っています．これを母集団のモデルと考えれば，黒玉の割合 25% が母比率となります．ここから，300 個の玉を良くかき混ぜて（無作為に）選ぶと，それは大きさ 300 の無作為標本と考えられます．その中の黒玉の割合が標本比率です．

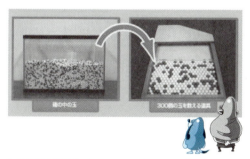

図 5.1.3　水槽（母集団）から 300 個の玉（標本）を無作為に抽出

8　BB 弾によるサンプリング実験装置は，大学共同利用機関統計数理研究所で開発されたものです．

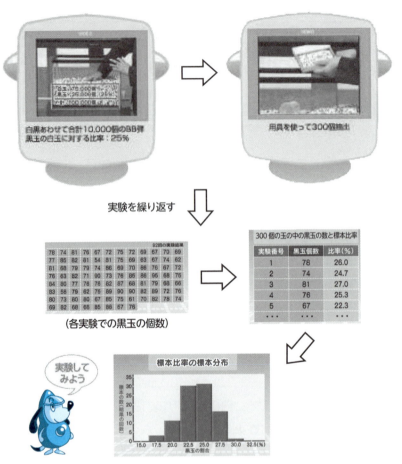

図 5.1.4　BB弾によるサンプリング実験

　図 5.1.4 の中段では，92 回このような標本抽出を繰り返したときに，黒玉の数と黒玉の標本比率がばらつくことを実験で示しています．一番下の段に，その得られた標本比率のばらつきをヒストグラムで示しています．真の値である母比率 25% 付近を中心に，単峰性の分布を示しています．

　このように，仮想的に無作為標本抽出を繰り返した際にできる標本統計量の分布を標本分布と言っています．標本抽出が無作為であれば，標本分布は理論的に母集団上の真の値を中心に，単峰で対称の分布となることが分かっています．また，標本の大きさが大きいほど，そのばらつきの幅は

小さくなること，つまり，標本誤差が小さくなることが期待されることが分かっています．

実際の調査では，「玉を良くかき混ぜて無作為標本を作成する」という無作為標本抽出の操作を乱数を使って実施します．

3 単純ランダムサンプリング法（単純無作為抽出法）

手順

単純ランダムサンプリング法とは，母集団を構成するどの要素も標本に選ばれる確率が等しくなるサンプリング法です．母集団の中から特徴的な要素だけが偏って選ばれる可能性は低くなります．以下のステップで標本を作ります．

［ステップ 1］

母集団の構成要素の全リストである抽出枠（サンプリングフレーム）を用意します．企業の顧客調査の場合は，顧客名簿がサンプリングフレームとなり，学校での生徒調査の場合は全生徒のリストがサンプリングフレームとして活用できます．

［ステップ 2］

サンプリングフレームに一連の通し番号を付けます．

［ステップ 3］

乱数表を利用して，標本サイズ（標本に含まれる要素の数）と同じ数の乱数を取り出し，その番号と一致したサンプリングフレーム上の番号の要素（抽出単位）を母集団から抜き取り，標本を構成します．

乱数と乱数表

乱数とは，確率法則に従ってランダムに発生された数字を言います．特に，すべての数字が同じ確率で互いに独立に発生している乱数を一様乱数

と言います．例えば，公平なサイコロを投げて出てくる1から6までの数字は，等しい確率で発生する一様乱数です．とくに，0から9までの10個の整数が等しい確率でランダムに出現する乱数の列を乱数列，乱数列が並んだものを乱数表と言います（表5.1.1）．この乱数表を任意の桁数に区切って上下左右の任意の方向に読み進めることで，必要な桁数の乱数を得ることができます．例えば，2桁ずつ読めば，00から99までの100個の数字が等確率で出現する乱数列となります．

表 5.1.1　乱数表（一部）

1458	7652	5112	3835	1944	6649	1485	4183
1465	2720	7905	2941	6275	1205	9991	0409
6069	0267	0785	4246	4655	8446	4053	3387
…	…	…	…	…	…	…	…

母集団の構成要素の数が，例えば全部で600の場合，サンプリングフレームの要素に通し番号を0から599まで付けます．そこから大きさ50の標本を抽出するためには，乱数列を3桁ずつ使って000から599までの数字が，ちょうど50個出てくるまで乱数表を読んでいきます．

例えば，表5.1.1の乱数表の第2行の第1列から3桁ずつ読むとすると，順に，146，527，207，905（該当なしで読み飛ばす），294，……が読み取れるので，サンプリングフレーム中でこれらの番号が割り当てられた要素が，標本の構成要素として選択されます．この手順によって，母集団の構成要素は公平にすべて等しい確率で，標本の中に選択される可能性があったことが保証されます．

実際に乱数列を得る方法として，乱数サイ（正20面体の公平なサイコロで，0から9までの10個の数字が2回ずつ面に書いてある．3種の色違いがあり，3個同時に振ることで3個の乱数を一度に発生できる（図5.1.5））や，市販の乱数表（日本工業規格）を参照したりします．大量に

乱数が必要になる場合は，電気的なノイズや放射線などの物理現象を利用して発生させる物理乱数やコンピュータ内で計算によって発生させる擬似乱数を利用します．

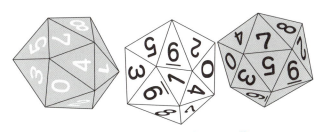

図 5.1.5 乱数サイ（イメージ）

4 応用的な無作為標本抽出法

単純ランダムサンプリングを基本として，実用的にその欠点を改善した無作為標本抽出法の代表的なものに，系統サンプリング，層化サンプリング，多段サンプリングがあります．

単純無作為抽出（単純ランダムサンプリング）には，下記の欠点があります．
- ■乱数を多く用意しなければならない
- ■調査対象が広範囲に散らばる
- ■標本誤差の問題

- ■系統無作為抽出（系統サンプリング）
- ■層別（層化）無作為抽出（層別サンプリング）
- ■多段無作為抽出（多段サンプリング）

標本サイズが大きい場合，必要となる乱数の数が膨大になり手間がかかります．そこで，最初の1つの要素だけを乱数を使って抽出し，あとはそこから系統的に抽出する番号を決める抽出法が系統サンプリングです．とくに，基本的なものは最初に抽出された番号から等間隔に選んでいく等間隔サンプリング法が代表的です．例えば，母集団の構成要素が6,000の場合にサイズ30の標本を抽出する場合は，6,000/30＝200を抽出間隔とし，最初のスタートの番号を乱数で0から199の間の数で選び，仮にそれが120であれば，サンプリングフレームの通し番号の120番，120＋200＝320番，320＋200＝520番，……のように，200ずつ番号を増やして30個の要素（抽出単位）を選びます（図5.1.6）．

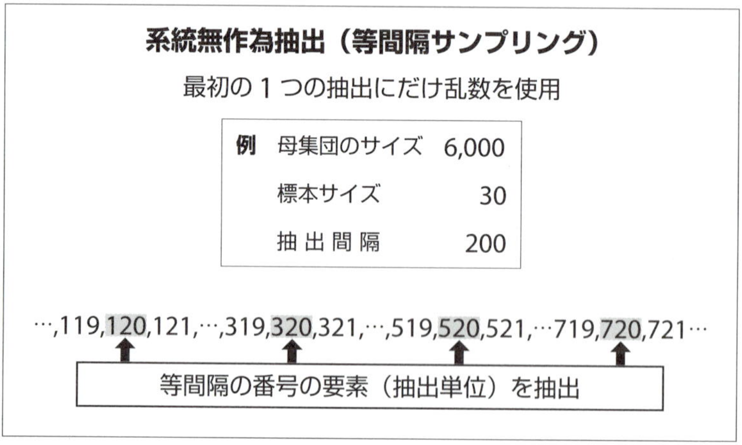

系統無作為抽出（等間隔サンプリング）

最初の1つの抽出にだけ乱数を使用

例	母集団のサイズ	6,000
	標本サイズ	30
	抽 出 間 隔	200

…,119,120,121,…,319,320,321,…,519,520,521,…719,720,721…

等間隔の番号の要素（抽出単位）を抽出

図5.1.6　等間隔サンプリング法

等間隔サンプリングでは，もしサンプリングフレームの並びにある種の規則性（周期性）が入っていると，偏った標本を形成してしまう危険性があるので注意する必要があります．

層別ランダムサンプリング法とは，地域の都市規模や地域特性，職業や性別，学年等の属性により母集団をできるだけ等質のグループ（層）に分け，各層ごとに単純ランダムサンプリング法を使って抽出単位を選ぶ方法です

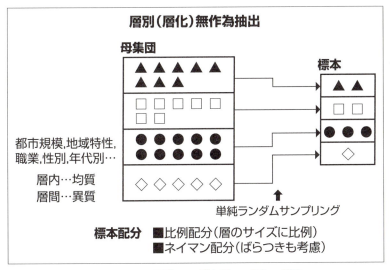

図 5.1.7　層別ランダムサンプリング法

（図 5.1.7）．標本サイズを各層へ配分する方法に関しては，標本を母集団の層の大きさに比例させて配分する比例配分法や，層内のばらつきの大きさに比例させて配分するネイマン配分法があります．層別ランダムサンプリング法を行うことで，標本調査に伴う誤差を小さくすることができます．

多段ランダムサンプリング法とは，大きな抽出単位から始めて，目的である小さな抽出単位へ段階を追って単純ランダムサンプリングを重ねていく方法です（図 5.1.8）．例えば，全国の世帯を母集団とした調査を実施する場合，単純ランダムサンプリング法を採用すると，全国の全世帯のサンプリングフレームを用意しなければならず，また，調査対象として標本に含まれる世帯が各地域にばらばらに抽出されてしまい，訪問面接調査に際してその調査対象世帯へ移動する時間と経費が問題となります．そこで，まず市町村の単位を第1段目の抽出単位（第1次抽出単位）とし，単純ランダムサンプリング法で市町村を選択します．その後，その地域に居住する世帯を第2段目の抽出単位（第2次抽出単位）とし，選択された市町村ごとに世帯を単純ランダムサンプリング法によって抽出します．この方法では，調査対象の世帯がある一定の地域ごとに集まって存在することにな

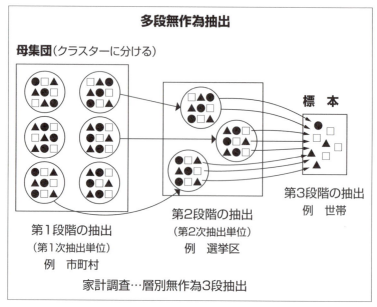

図 5.1.8　多段ランダムサンプリング法

り，実際に調査も比較的容易になります．

　現実に行われている調査の多くは，多段ランダムサンプリング法と層別ランダムサンプリング法を組み合わせた，層別（層化）多段ランダムサンプリング法が使われています．一般的には，都会か地方かなどの地域の特性を基準に市町村や国勢調査区などの第１次抽出単位を層別したうえで，各層ごとに２段階のランダムサンプリングを実施します．総務省統計局で実施されている家計調査の標本は，第１次抽出単位として調査市町村，第２次抽出単位として調査単位区，そして第３次抽出単位として調査対象となる世帯をそれぞれ抽出する層化３段抽出法を用いて抽出されています．

> 以下は，家計調査「標本の抽出方法」からの引用です．
>
> 　層化３段抽出法の第１次抽出単位である調査市町村の層化抽出は，次の方法で行った．
>
> ①　都道府県庁所在市及び大都市（人口 100 万人以上の市）はそれぞれ１市１層とした．
>
> ②　都道府県庁所在市及び大都市以外の市は，地方・人口規模で区分し，さらに，区分した地域ごとに都市の性格，都市化の程度等を表す指標を用いて二人以上の一般世帯数に応じた比例配分に近くなるように層化し，各層からそれぞれ１市を抽出した．
>
> ③　町村は，地方別に区分した後，地理的位置，都市化の程度を表す指標を用いて層化し，各層からそれぞれ１町村を抽出した．

5 調査の方法

　調査を実際に行う場合，その調査のやり方には以下に挙げる複数の方法があり，それぞれメリットやデメリットがあります．

面接調査

　面接調査は，あらかじめ訓練された面接員が，調査対象者のもとに出向いて調査する方法で，調査員はあらかじめ用意された調査法に基づいてデータを集めます．その際，調査員が口頭で質問し，その回答を調査員が調査票に記入する他計方式と，調査対象者が調査票を読み，その回答を調査対象者自身が調査票に記入する自計方式があります．面接調査は，会うことができれば回答を得る可能性が高いというメリットがありますが，調査対象者に会うまでには多数の訪問が必要になることもあり，費用がかさ

むという欠点があります．また，調査員の介在による偏りの可能性も否定できず，優れた調査員の養成や確保が重要な課題となっています．

▶ 郵送調査

郵送調査は，調査票を郵送し，回答結果が記入された調査票を郵便で回収する方法で，経費がかからない，不在がちな対象者の回答も期待できる，匿名での回答が可能なので面接では答えにくい項目にも回答が期待できるなどのメリットがあります．一方，回答率が比較的低い，無回答による偏りの可能性がある，回答者が特定できないなどの欠点もあります．

▶ 電話調査

電話調査は，調査対象者に直接電話をし，その場で回答を得る方法で，経費がかからない，調査対象者と最も簡単に接触できる，機械によるランダムな番号発信方法（RDD 法：random digit dialing）により標本抽出が容易にできるなどのメリットがある反面，長い時間をかけることができず，少ない質問数に限られるなどの欠点があります．

▶ インターネット調査

インターネットの普及に伴い，最近は，インターネットを活用した調査も盛んに行われるようになってきました．現時点でのインターネット利用者には年齢や職業，年収などについての偏りがあることから，インターネット利用者だけを対象とした標本は，母集団からのランダムサンプルになっていないということに注意すべきです．以前，電話の普及が進んでいない時代，電話調査でも同様の問題が考えられていましたが，電話の普及が進んだ現在ではあまり問題視されてはいません．インターネット調査もインターネットの普及が進み，問題点もある程度緩和されています．一方で，

偏った標本からどのような方法で母集団について推測すればよいかの研究も同時に進められています．

180 第5章 標本調査—データの集め方

練習問題 ▶ 標本調査

解答はp.215〜です

問1 調査実施に関する次の説明がある.

『ある町で，中学生を対象に「まちづくり」に関するアンケート調査を実施することにした．この調査における町内の中学生全体を（A）と呼ぶ．町内の中学生は全体で 1,523 人いる．生徒を無作為に選び，今回は 511 人に調査用紙を配布した．このうち 490 人から調査用紙を回収することができた．したがって，回収率は（B）である．』

この文章内の（A）と（B）について正しい組合せとして，次の ① 〜 ⑤ のうちから適切なものを一つ選べ.

① （A）：標本　　　（B）：32.2%　　② （A）：標本　　　（B）：95.9%
③ （A）：母集団　　（B）：32.2%　　④ （A）：母集団　　（B）：33.6%
⑤ （A）：母集団　　（B）：95.9%

【出典：統計検定3級 2015年6月：問3】

問2 ある地域の住民を対象に，地域の発展に関するアンケート調査を実施する.

（1）調査票を用いた調査について，次の Ⅰ〜Ⅲ の記述を考えた.

> Ⅰ．乱数を発生させ，住民基本台帳の情報をもとに調査の回答者を無作為に選び，調査票を郵送する.
> Ⅱ．調査票の質問文では，誤解を恐れず，多少知られていないと思っても専門用語を用いて正確かつ厳格に質問文を作成する.
> Ⅲ．個人情報に関わることなど，調査対象者が答えにくい質問があるとき，無回答の恐れがあるため，調査員が記入して，確実に回答させる.

練習問題　標本調査　181

　　この記述 I 〜 III に関して，次の ①〜⑤ のうちから最も適切なものを一つ選べ．

　　① 　I のみ正しい．　　　② 　II のみ正しい．
　　③ 　III のみ正しい．　　　④ 　I と III のみ正しい．
　　⑤ 　I と II と III はすべて正しい．

（2）このアンケート調査の報告書を作成する際に行うことに関して，適切でないものを，次の ①〜⑤ のうちから一つ選べ．

　　① 　アンケートの送付対象者をどのように選んだのかを説明する必要がある．
　　② 　アンケートを配布した中で，どれだけ回収できたかを明記する必要がある．
　　③ 　選択肢による回答項目については，回答者数に関する情報は書かずにそれぞれ選択肢の回答割合のみを提示する．
　　④ 　性別や年齢による違いが考えられる項目については，それぞれの結果を明示することが望ましい．
　　⑤ 　質問文の表現による回答の違いもあるため，調査票自体を報告書に含める場合もある．

【出典：統計検定 3 級 2015 年 6 月：問 20】

第6章
総合問題
解答は p.216 〜です

第6章　総合問題

問題 1　中学 3 年生のかすみさんは，全国で行われたある学力試験の成績について，新聞で「幼稚園に通った生徒のほうが保育園に通った生徒よりも成績が良かった」という記事を見つけました．そこで，自分の学校でもその傾向があるかどうか確かめたいと思い，同じ学年の生徒を対象にアンケート調査を行いました．

　そこでは，幼稚園と保育園のどちらに通っていたかに加えて前回の数学の期末試験の得点を尋ねました．回答してくれた 95 人のうち幼稚園に通っていた生徒が 53 人，保育園に通っていた生徒が 42 人で，このグループ毎に，得点の度数分布表を作成し，さらにいくつかの基本的な統計数値を求めました．その結果が次の表です．

度数分布表

試験の得点	幼稚園に通っていたグループ（人）	保育園に通っていたグループ（人）
40 - 44	0	2
45 - 49	0	3
50 - 54	1	7
55 - 59	3	2
60 - 64	7	3
65 - 69	7	7
70 - 74	16	9
75 - 79	4	3
80 - 84	5	3
85 - 89	6	1
90 - 94	3	1
95 - 99	1	1

試験の得点に関する統計表

	人数	平均値	中央値	最小値	最大値
幼稚園に通っていたグループ	53	73.3	72	53	95
保育園に通っていたグループ	42	65.4	66	40	95

（1）この結果から，かすみさんは次の (ア) ～ (ウ) の理由をあげて，幼稚園に通ったグループのほうが保育園に通ったグループに比べ，試験の点数が高い傾向にあると判断しました．

（ア）幼稚園のグループの中央値が，保育園のグループの中央値より大きいから

（イ）度数分布表において，最も度数の大きい階級（70 点から 74 点）の人数が，幼稚園のグループの方が多いから

（ウ）幼稚園のグループの得点の範囲が，保育園のグループの得点の範囲より小さいから

かすみさんのあげた理由に関して，次の①～④のうちから正しい判断を一つ選びなさい．

      ① （ア）と（イ）は適切だが，（ウ）は適切ではない

      ② （ア）と（ウ）は適切だが，（イ）は適切ではない

      ③ （ア）は適切だが，（イ）と（ウ）は適切でない

      ④ （イ）は適切だが，（ア）と（ウ）は適切でない

186   第6章　総合問題

(2) 太郎さんは，かすみさんのデータからは，アンケートの回答者の傾向
として，「幼稚園に通っていた生徒のほうが保育園に通っていた生徒
より成績が良かった」と判断できるけれども，だからといって幼稚園
に通っていたことが試験の得点を上げることにつながるとは言えない
と指摘しました．太郎さんはその理由として次の (カ)〜(ク) をあ
げました．

(カ) 2 つのグループの人数が 53 人と 42 人と異なるため

(キ) 2 つのグループの最大値が同じであるため

(ク) 2 つのグループに含まれる生徒の学習環境が同じとは限らないため

太郎さんがあげた理由に関して，次の①〜④のうち正しい判断を一つ
選びなさい．

①　(カ)〜(ク) はすべて適切ではない

②　(カ) と (キ) は適切でないが，(ク) は適切である

③　(カ) と (ク) は適切でないが，(キ) は適切である

④　(キ) と (ク) は適切でないが，(カ) は適切である

【第 1 回統計検定 4 級　問 15】

問題 2 | 187

問題 2　花子さんの家では，リンゴを育ててスーパーマーケットに出荷することになりました．スーパーマーケットからは，大きくて，均一な大きさのリンゴを出荷するように依頼されています．花子さんの家では，A と B の 2 つの品種を育てていますが，それらのうちどちらを商品として出荷するかを決めるために，それぞれ 50 個ずつ収穫して重さを測りました．結果は以下の通りです．

	リンゴ A	リンゴ B
平均値	270	270
中央値	280	250
最小値	200	220
最大値	290	480

単位：グラム

（1）どちらのリンゴを出荷すべきでしょうか．

（2）（1）の答の理由として，このデータから予測できるリンゴ A とリンゴ B の違いを述べなさい．

ある町のスポーツクラブの会員の男女（小児を含む）の体重を整理すると，下の度数分布表が得られました．80kg以上の会員はいません．

階級	度数（人） 男性	度数（人） 女性
10kg 未満	0	0
10kg 以上 20kg 未満	1	0
20kg 以上 30kg 未満	0	0
30kg 以上 40kg 未満	0	1
40kg 以上 50kg 未満	1	5
50kg 以上 60kg 未満	3	8
60kg 以上 70kg 未満	7	5
70kg 以上 80kg 未満	8	1
合計	20	20

（1）この表をもとに，階級値を使って男性と女性の平均値を計算しなさい．

（2）男性と女性の体重の分布を比較するのに有効なグラフは何ですか．グラフの名前と，実際のグラフを描きなさい．

（3）男性と女性の分布の違いを文章で説明しなさい．

（4）男女の分布を比較分析した結果，男性と女性には異なるエクササイズプランが必要だという意見がでました．この意見が妥当だと判断する理由を述べなさい．

次の会話を読んで，あとの (1), (2) の問いに答えなさい．

父　「去年の夏は，使用電力が，電力会社の供給電力を上回る可能性があるということで，みんなが節電を意識したね．A 市で 1,000 世帯を無作為に抽出して，節電に関する実態調査を行ったところ，新たに省エネタイプのエアコンを購入したのは，12 世帯あったそうだよ．」

ますみ　「そうすると A 市は全部で 30,000 世帯なので，省エネタイプのエアコンを購入したのは，およそ ① 世帯と推定（推測）できるね．」

父　「節電といえば…．お父さんの会社で建物を増築したときに，よく使う照明には節電効果の高い LED 電球を，それ以外の照明には白熱電球を取り付けたんだ．LED 電球と白熱電球の購入代金は合わせて 122,000 円で，消費電力の合計が 1,600W だったそうだよ．」

ますみ　「資料 1 から考えて計算してみると，お父さんの会社では，LED 電球を ② 個，白熱電球を ③ 個取り付けたということになるね．ところで，<u>LED 電球と白熱電球では，総費用[1]にどれくらい差があるのだろうか</u>．」

資料 1　LED 電球 1 個と白熱電球 1 個の比較　（電球の値段は，消費税を含む）

	LED 電球	白熱電球
値段	3,000 円	100 円
消費電力	10 W	60 W

※ 1　総費用は，ある期間内にかかった電気料金と電球の購入代金の合計とする．

190　第6章　総合問題

(1) ① ～ ③ に入る数をそれぞれ求めなさい.

(2) ますみさんは, 会話中の下線部について調べ, 次のようにまとめました.
④ ～ ⑧ に入る最も適当な数や文字式をそれぞれ書きなさい.

ますみさんのまとめたこと

LED 電球と白熱電球の総費用の比較

　ある照明 1 箇所の 1 か月の使用時間を 200 時間として, 資料 1 の 2 種類の電球を使用した場合[※2] について, 下の資料 2 をもとに, 使い始めてからの総費用を比較する.

資料 2　電球 1 個の寿命と電気料金 (電気料金は, 消費税を含む)

	LED 電球	白熱電球
寿命 (使える時間)	40,000 時間	1,000 時間
電気料金 (1 時間あたり)	0.23 円	1.38 円

それぞれの電球 1 個は, LED 電球で ④ か月間, 白熱電球で 5 か月間使用できることになる.

LED 電球の場合　　x か月間の総費用を y 円とすると,

$0 \leqq x \leqq$ ④ で, $y =$ ⑤ $x + 3000$
……　　　　　　　　　　　　　となる.

白熱電球の場合　　x か月間の総費用を y 円とすると,

$0 \leqq x \leqq 5$ で,　　$y =$ ⑥

$5 < x \leqq 10$ で,　$y =$ ⑦
……　　　　　　　　　　　　　となる.

白熱電球の場合，x と y の関係をグラフ※3 に表すと，次のようになる．

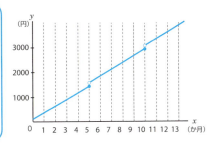

> **わかったこと**
> 　総費用を月ごとに比べると，LED電球の総費用は，⑧ か月までは白熱電球の総費用より高いが，次の月以降は，安くなることがわかる．

※2　電球は，寿命期間の途中で切れないものとし，その期間が過ぎたら交換することとする．
※3　電気は，常に一定量を使用するものとし，グラフは直線で表すこととした．

【平成24年度県立高等学校入学者選抜学力検査・前期選抜（千葉県）】

問題 5 フィンランドの道路渋滞について次の問いに答えなさい．

(第1回国際統計リテラシーコンペティション問題[9])

(1) 数年前に比べて道路を行きかう車の数は多くなったと思いますか．その根拠は何ですか．

(2) フィンランドの交通量を集計した表を折れ線グラフにしなさい．

表 フィンランドの交通量

年	交通量（百万 Km）
1996	27,558
1997	28,155
1998	29,121
1999	30,016
2000	30,526
2001	31,271
2002	32,211
2003	33,004
2004	33,854
2005	34,473
2006	34,780
2007	35,661

（資料：フィンランド交通統計 2007）

(3) グラフは(1)で回答したあなたの予想と同様の傾向ですか，それとも逆の傾向を示していますか．また，フィンランドの交通量はいつ 40,000 百万 km を越えるでしょうか．

---

9 国際統計リテラシーコンペティションとは，ISLP（国際統計リテラシープロジェクト）が主催する統計リテラシーを競うコンクールです．ここでは第1回国際統計リテラシーコンペティション (2008-2009) で 12~13 歳を対象にアメリカ，フィンランドで出題された問題を紹介します．日本の交通事情あるいは自分の住んでいる地域の交通事情を参考にして答えてみてください．また，ISLP は IASE（国際統計教育協会），ISI（国際統計学会）のもとで活動する統計教育推進のためのプロジェクトです．日本の統計グラフコンクールの優秀作品は ISLP のポスターコンペティションに推薦されています．

問題 5 | 193

(4) 下の表は，フィンランド全土を 100 とした時の各地域の高速道路の
　　長さ，交通量，交通事故の割合が示されています．

表　フィンランドの地域別交通データ

地域	高速道路	交通量	交通事故
Lappi	11.7	5.0	4.0
Oulu	16.3	10.4	10.5
Vassa	11.2	9.1	11.6
Keski-Suomi	6.8	6.4	6.7
Savo-Karjala	14.2	8.4	7.8
Turku-Abo	10.2	12.2	15.2
Hame-Tavastland	12.2	17.5	15.9
Kaakkois-Suomi	11.5	10.0	9.9
Uusimaa-Nyland	5.9	21.0	18.4

(単位：%)

(ⅰ)　事故が一番多い地域はどこですか．

(ⅱ)　高速道路が一番多い地域はどこですか．

(ⅲ)　交通量が一番多い地域はどこですか．

(ⅳ)　あなたの（ⅰ），（ⅱ），（ⅲ）の答は同じ地域ですか．結果を説
　　　明するために仮説をたててください．

(ⅴ)　交通量の多い地域は交通事故が多い．
　　　たくさん高速道路のある地域は交通事故が多い．
　　　高速道路がたくさんあることは，交通量と交通事故に関係がある．

　　　など，あなたの考えを説明して結論を示しなさい．

194 第6章 総合問題

(5) 右の表は，ロスアンゼルスで生徒たちが
毎日どのような手段で学校へ通ってい
るかを調べた結果です．

ロスアンゼルスでは，学校のある日はス
クールバスと車が子どもを乗せて学校
に向かうため，交通渋滞がおきています．

(i) フィンランドとロスアンゼルスの
通学手段の分布を比較するにはど
うしたらいいでしょうか．

(ii) ロスアンゼルスのこのデータの年
齢の中央値はいくつですか．

年齢	通学手段
12	車
12	車
12	車
12	バス
11	車
12	車
12	バス
12	バス
12	バス
12	バス
12	バス
11	バス
12	車
11	車
11	バス
12	車
12	車
11	バス
11	徒歩
12	スケートボード

(6) フィンランド政府は何をすべきだと思いますか．これまでの分析から
わかったことをもとにまとめなさい．

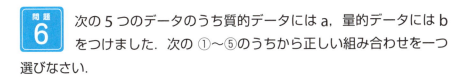次の5つのデータのうち質的データにはa，量的データにはbをつけました．次の ①～⑤ のうちから正しい組み合わせを一つ選びなさい．

好きな季節　学年　家族の人数　生まれた月　通学時間

① a b a a b
② a a b b a
③ a b b a a
④ a a b a b
⑤ a b b b b

次に示すa～dのデータのうちから，量的データをすべて選びなさい．

a　サッカーの1試合でのゴール数
b　学校にある1m以上の高さのある植物の名前
c　ワールドカップサッカーの試合を観戦した人の国籍
d　魚の全長

問題 8

次の表は，ある会社における4年制大学を卒業した新入社員の初任給（月額）の推移です．この新入社員の初任給の推移を折れ線グラフに示すとき，変化が見やすい座標軸として適切なものを次の①〜④のうちから一つ選びなさい．

年度（西暦）	新入社員初任給（円）
2005	204,500
2006	205,000
2007	206,000
2008	206,000
2009	205,800
2010	205,800
2011	206,100

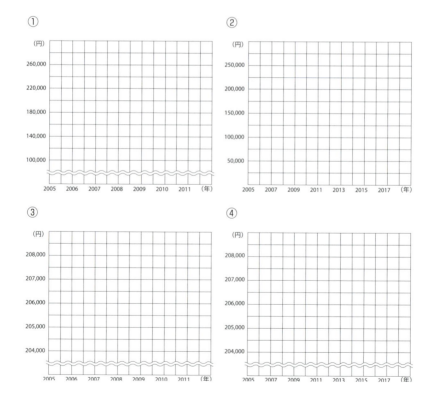

問題9 次の表は，M市の2010年8月の日ごとの最高気温を示した度数分布表です．

最高気温（℃）	度数（日）
25.0 以上 ～ 27.5 未満	0
27.5 ～ 30.0	4
30.0 ～ 32.5	11
32.5 ～ 35.0	13
35.0 ～ 37.5	3
37.5 ～ 40.0	0
計	31

M市の2010年8月における真夏日（日中の最高気温が30℃以上の日）の日数として正しいものを，次の①～⑤のうちから一つ選びなさい．

① 4 ② 11 ③ 13 ④ 24 ⑤ 27

問題10 ある地方自治体では，遊園地やショッピングモールを併設した複合施設の建設を計画しています．施設の規模を決定するにあたり，A地方にあるショッピングモールに顧客が滞在する時間を調べて参考にすることにしました．次に示す度数折れ線グラフは，そのショッピングモールから出てきたお客さんに滞在時間を尋ねた結果を示したものです．

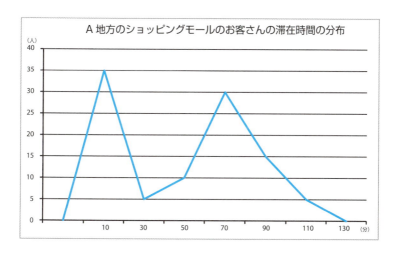

（1）複合施設の設計担当者は度数折れ線グラフをもとに，顧客が平均何分滞在していたか求めました．平均を用いた予測値として最も適切なものを，次の ①～⑤ のうちから一つ選びなさい．

① 0 分以上 20 分未満

② 10 分

③ 50 分

④ 60 分以上 80 分未満

⑤ 70 分

（2）複合施設の設計担当者の (1) で求めた予測を否定する意見として適切なものを，次の ①～⑤ のうちからすべて選びなさい．

① 中心の位置だけではなくばらつきについても考えなければならない

② 平均値は分布を代表する値として最もよく使われる値であるが，度数分布表を見ると分布は多峰性を示し，平均値を予測値とするのはふさわしくない

③ 度数分布に示されたデータの調査された日時や方法がわからなければ，このデータから予測を行うことは適切とはいえない

④ この地方自治体は，ショッピングモールと遊園地などを含む複合施設の建設を計画しているので，ショッピングモールだけのデータを予測に使うのは適切ではない

⑤ 男性と女性のデータが別に示されていないので判断できない

問題 11 199

問題 11

はるきくんのクラスで小遣いについて調査しました．調査項目は，食費，交通費などの項目ごとの1か月の支出金額です．はるきくんはこの結果をもとに，日本全体の中学生が一般的にどのくらいお小遣いを使っているのかを考えてみることにしました．食費の結果は次の表の通りです．

	平均値	中央値	範囲
女子	3100 円	3100 円	4000 円
男子	3300 円	2500 円	5500 円

(1) はるきくんはこの結果をもとに「男子の中央値が 2500 円ということは，ほとんどの男子が 1 か月に食費として小遣いを 2500 円使っているということだ」という意見を述べました．あなたはこの意見に賛成ですか反対ですか，賛否とその理由としても最も適切なものを，次の ①〜④ のうちから一つ選びなさい．

① 賛成，中央値は代表値であるから賛成である

② 賛成，2500 円は代表的な値である

③ 反対，3000 円以上使っている人もいる

④ 反対，中央値 2500 円より多く使っている人が 50%，2500 円より少ない人が 50% いることを示しているにすぎない

(2) 女子と男子の結果を比較するコメントとして適切なものを，次の ①〜⑤ のうちから一つ選びなさい．

① 男女とも左右対称の山型の分布である

② 男女とも右に裾を引く右に歪んだ分布である

③ 女子は右に裾を引く右に歪んだ分布である

④ 男子は右に裾を引く右に歪んだ分布である

⑤ 男女とも左に裾を引く左に歪んだ分布である

問題12 N中学校で5教科のテストがあり，Yさんの国語・社会・英語3教科の平均点は60点でした．数学と理科の得点はどちらも75点でした．Yさんの5教科の平均点として正しいものを次の①～⑤のうちから一つ選びなさい．

① 64.5点　② 66点　③ 67.5点　④ 69点　⑤ 70.5点

問題13 次のグラフは，2年B組40人の数学と英語のテストの得点分布を表したものです．横軸の階級は，棒の左端の値以上，棒の右端の値未満を示し，たとえば，一番左の階級は，0点以上10点未満の人数に対応しています．

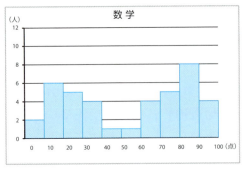

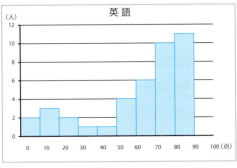

（1）数学のテストの平均点は 54 点，中央値は 64 点でした．グラフを描いた後に採点ミスが見つかったので訂正され，5 点であった 2 人がそれぞれ 25 点に上がりました．

   （i）訂正された後の平均値として正しいものを，次の ①〜⑤ のうちから一つ選びなさい．

     ① 54 点　　② 55 点　　③ 59 点　　④ 74 点　　⑤ 79 点

   （ii）訂正された後の中央値として正しいものを，次の ①〜⑤ のうちから一つ選びなさい．

     ① 64 点　　② 65 点　　③ 69 点　　④ 84 点　　⑤ 89 点

（2）英語のテストの中央値が含まれる区間として最も適しているものを，次の ①〜⑤ のうちから一つ選びなさい．

   ① 50〜60　　② 60〜70　　③ 70〜80　　④ 80〜90　　⑤ 90〜100

（3）英語のテストの平均値が含まれる区間として最も適しているものを，次の ①〜⑤ のうちから一つ選びなさい．

   ①　20〜40　　② 40〜60　　③ 60〜80　　④ 80〜100
   ⑤ データの元の数値がわからないので決まらない

202 第6章 総合問題

問題 14 1組では7月2日の数学の授業で，生徒が持っている中学生向け参考書の冊数に関する調査を行いました．男子の平均値は5冊，女子の平均値は7冊でした．ところが，7月2日は欠席者が2人いたため，欠席者分は7月3日に調査を行い，7月2日分と合わせて再度平均を計算し直すことにしました．7月3日に調査した2人分を含めた男女別の平均値は，前日に求めた2人欠席時の男女別の平均値と変わらず，男子5冊，女子7冊でした．次に示す（ア）と（イ）の意見について，正しい場合は○，正しくない場合は×として適切なものを，下の①～④のうちから一つ選びなさい．

（ア）欠席者のうち，1人は男子，1人は女子である．

（イ）7月2日に出席した人のみ（2人欠席）で求めた1組全体の平均値と，7月2日に欠席していた人も含めて計算した1組全体の平均値は変わらない．

① （ア）○ （イ）○

② （ア）○ （イ）×

③ （ア）× （イ）○

④ （ア）× （イ）×

問題 15 ○の書かれたカードが 3 枚，×の書かれたカードが 2 枚，□の書かれたカードが 1 枚あります．これらの 6 枚のカードを箱にいれてよくまぜます．

(1) この 6 枚のカードから同時に 2 枚引くとき，得られる 2 枚の組合せとして最も確率の高いものはどれですか．次の ①〜⑤ のうちから一つ選びなさい．

① ○○   ② ○×   ③ ○□   ④ ××   ⑤ それ以外

(2) 次の a，b，c 3 つの操作をそれぞれ行ったあとに，カードを 2 枚同時に引きます．

　　a　□のカードを○のカードに交換して○を 4 枚とする
　　b　□のカードを捨てて 5 枚にする
　　c　○のカードを 1 枚加え 7 枚にする

この時引いたカードが○○となる確率が大きい順に並べたものはどれですか．次の ①〜⑤ のうちから一つ選びなさい．

① a＞b＞c　② a＞c＞b　③ b＞a＞c　④ b＞c＞a　⑤ それ以外

問題 16 太郎さんは，技術・家庭科（家庭）の授業で「幼児の生活」について学習しました．太郎さんは自分が赤ちゃんだった頃はどのように成長したのか興味をもち，母子手帳を探し出したところ，体重と身長が次のように記録されていました．

月齢(か月)	0	1	2	3	4	5	6
体重 (g)	3715	4830	6130	6790	7340	7850	8310
身長 (cm)	53.3	56.1	60.2	63.9	66.2	67.8	70.1

月齢(か月)	7	8	9	10	11	12
体重 (g)	8880	9200	9510	9820	10010	10310
身長 (cm)	71.9	72.5	75.1	76.5	77.4	78.9

次のグラフは，月齢0か月から月齢12か月までの1か月毎の体重と身長の身体発育曲線です．グラフ中に示されている各パーセンタイルの曲線は，全国的な赤ちゃんの傾向を示したものです．太郎さんの記録と身体発育曲線から読み取ることができないものを，下の ①〜④ のうちから一つ選びなさい．

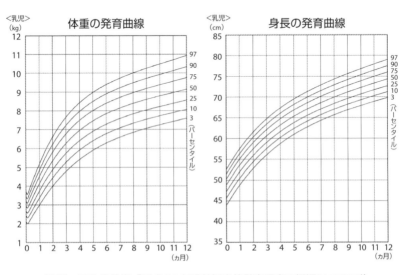

（資料　厚生労働省「平成22年乳幼児身体発育調査の概況について」）

① 太郎さんの測定結果のそれぞれの体重は，それぞれの月齢の中央値をすべて超えている

② 月齢0か月から月齢12か月までの間の太郎さんの体型は他の赤ちゃんに比べて太っている

③ 測定結果のそれぞれの身長は，それぞれの月齢の中央値をすべて超えている

④ 測定結果のそれぞれの身長をみると，月齢が増えるにしたがって常に増加している

次のようなヒストグラムについて，a〜cのコメントが出てきた．

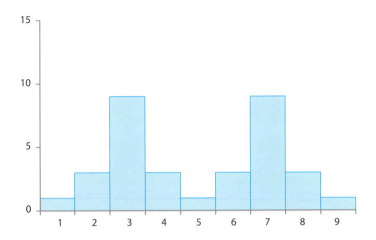

a 山が2つできているので，階級の幅が狭すぎる．階級の幅を広くとり，階級の数を減らさなければならない

b ほぼ左右対称の形をしているので，平均値を代表値として用いるのがよい

c 山が2つできているので，最頻値を代表値として用いるのがよい

これらのコメントについて正しいものを，次の①〜⑤のうちから一つ選びなさい．

① すべて正しい
② a のみが正しい
③ a，c が正しい
④ b のみが正しい
⑤ すべて正しくない

練習問題 **基本的なグラフ** (問題は p.46〜)

問 1.
(1) 色別自転車生産台数の棒グラフ

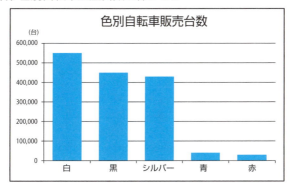

注意：棒は大きい順に整列するとよい．
最も多い色：白
最も少ない色：赤

(2) 円グラフ
理由：割合が比較しやすい．

(3) 60 万台
200 万台 × 0.3 = 60 万台

問2. 折れ線グラフ
　　時間で変化するデータは折れ線グラフが適している．

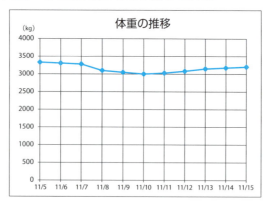

　　赤ちゃんの体重の細かな変化を表現するためには，下のグラフのように縦軸の目盛りを工夫することも有効である．その際には軸の省略記号やゼロの表記を忘れないようにする．

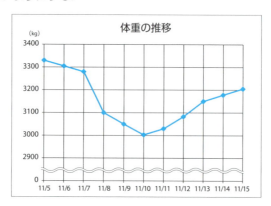

問3. 全体の傾向や過半数などの割合を見るには円グラフが適している．また，小学生と中学生などの異なるグループを比較する場合にもデータ件数が異なる可能性を考慮して，割合を比較することが有効である．円グラフを2つ並べる，もしくは帯グラフが効果的である．帯グラフは少ないスペースで複数の割合の比較が可能である．

問4. 東京
　　富山県の最大値は255mm，最小値は123mm，東京は最大値209mm，最小値40mm．差が大きいのは東京である．

問 5. 棒グラフは，棒の高さのみで値の大小を比較するものであり，棒の幅を変更すると正確な比較ができない．男子と女子の棒の幅は等しくすることが必要である．

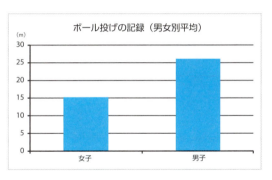

問 6. 126,000 円
200,000 円 × 0.63 = 126,000 円

問 7. 下記の棒グラフ(左)は縦軸の目盛りを21万から27万に限定しているため，値の大小が大きく表現されているにすぎない．縦軸の基準となるゼロを明記したグラフ(右)では，各チームの差は大きくない．

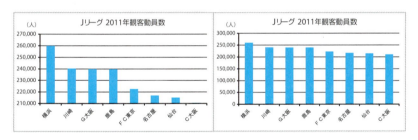

練習問題 質的データの分析（問題は p.70 ～）

問 1. 1, 3, 4, 5, 6, 7, 9
問 2. 1, 3, 4, 5, 6, 8
問 3. 棒グラフ
理由：色の種類は質的データである．質的データのばらつきを比較するにはカテゴリーごとに棒グラフを描くことが大切である．このとき棒は度数の大きい順に並べるとよい．
問 4. 地区ごとに度数を集計した棒グラフ(度数の比較)，円グラフ(割合の比較)
問 5.
　　(1) パレート図
　　(2) キズ，歪み
問 6. ④ 円グラフ

210 解答

問 7.

(1) ①

(2) ②

(3) ④

問 8. ④

練習問題 **度数分布表とヒストグラム**（問題は p.94 ～）

問 1. 分布は二山に分かれているため，平日と休日などの異質のデータが混在している可能性がある.

```
幹葉図
 5|34
 6|77
 7|46899
 8|
 9|128
10|5
11|7
```

問 2. 男

問 3. ア：7， イ：12， ウ：0.24

問 4.

(1) A 中学校で 30 分以上読書をしている人の割合は，$\dfrac{10+8+3+3}{50}$ =48%，B 中学校は $\dfrac{12+8+4+3}{60}$ =45% である. よって A 中学校の方が 30 分以上読書している人の割合が大きい.

(2) $250 \times \dfrac{16}{40}$ =100 人

問 5. 8 以上 ～ 10 未満

練習問題 **量的データの分析**（問題は p.120 ～）

問 1. 8.0 時間

問 2. ②

問 3. ③

問 4. 平均値　1,300 円

　　　中央値　1,250 円

　　　最頻値　1,000 円

　　　平均値＞中央値＞最頻値

問 5.
- (1) ③
- (2) ③
- (3) ③
- (4) ⑤
- (5) ④

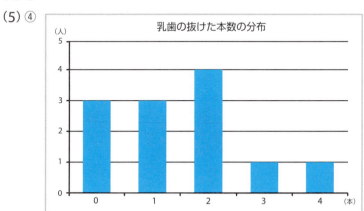

問 6. エ

問 7.
- (1) 10m
- (2) 15m
- (3) 約 33.95m
$$\frac{5 \times 0 + 15 \times 3 + 25 \times 7 + 35 \times 19 + 45 \times 9}{38} \approx 33.947$$
- (4) 10m
- (5) 男子の記録は，30m 以上 40m 未満を頂点とする左に歪んだ山型の分布を示す．女子の記録は，男子に比べるとばらつきの大きい，なだらかな山型の分布である．女子の山の頂点は 10m 以上 20m 未満で，右に歪んだ分布である．

問 8. 記述に最も合うのは以下の通り．
- (1) C
- (2) B
- (3) C
- (4) D
- (5) E

問 9. ⑤ 以外すべて正しい

問 10.
(1) 1 組の中央値：4 冊，2 組の中央値：3 冊
(2)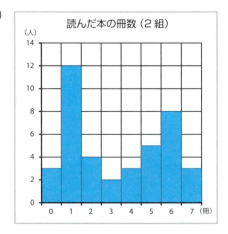
(3) 1 組の分布は 4 冊を中心とした山型（ベル型）の分布であるが，2 組の分布は 1 冊を頂点とする山と 6 冊を頂点とする山，二山に分かれた分布である．本をよく読むグループとあまり読まないグループが存在している．

問 11.
(1) 1.5 リットルより大 2 リットル以下
(2) 約 1.73 リットル
(3) $\dfrac{0.25 \times 8 + 0.75 \times 27 + 1.25 \times 45 + 1.75 \times 50 + 2.25 \times 39 + 2.75 \times 21 + 3.25 \times 7 + 3.75 \times 3}{200}$
$=1.7275$

飲んだ水の量（リットル）	度数	累積度数
0 より大　0.5 以下	8	8
0.5 より大　1 以下	27	35
1 より大　1.5 以下	45	80
1.5 より大　2 以下	50	130
2 より大　2.5 以下	39	169
2.5 より大　3 以下	21	190
3 より大　3.5 以下	7	197
3.5 より大　4 以下	3	200
合計	200	

(4)

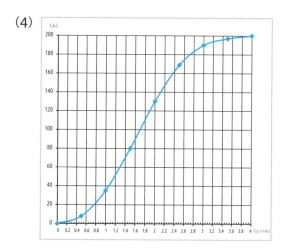

(5) a：約 1.7 リットル
    b：約 1.5 リットル
    c：約 25 人
(6) 約 55%

問 12.

(1) 中央値
理由：日曜日の値が 77 台と他と比べて大きく，分布は左右均等ではない．歪んだ分布の中心を示す指標としては，中央値が有効である．
(2) 平均値は約 20.9 台から約 12.3 台になり，中央値は 13 台でかわらない．範囲は 70 台から 10 台になった．
(3) 日曜日のデータを除いた分析と除かない分析の両方の結果を出す．

問 13.

(1) 中央値 5.5 回，平均値 8.5 回
(2) 平均値は 24 回，28 回といった，とびぬけて大きな値（または小さな値）の影響を受けやすく，データの中心の位置を示す指標として適していない．このような場合に適しているのは中央値である．中央値で比較した場合に T 君は 5.5 を上回り，懸垂ができるほうだといえる．

練習問題　時系列データ（問題は p.146〜）

問 1.
(1) 医療・福祉分野で働く人数は上昇傾向（増加傾向）にあり，建設業で働く人数は下降傾向（減少傾向）にある．複合サービス業はわずかに下降傾向を示すが，このグラフからは読み取りにくい．

(2) 指数化

(3)

月	就業者数（万人）			指数		
	建設業	医療・福祉	複合サービス事業	建設業	医療・福祉	複合サービス事業
1	508	807	62	100.0	100.0	100.0
2	497	786	57	97.8	97.4	91.9
3	501	799	58	98.6	99.0	93.5
4	504	825	55	99.2	102.2	88.7
5	494	841	53	97.2	104.2	85.5
6	513	844	55	101.0	104.6	88.7
7	508	859	57	100.0	106.4	91.9
8	517	846	56	101.8	104.8	90.3
9	518	827	56	102.0	102.5	90.3
10	497	837	59	97.8	103.7	95.2
11	502	858	54	98.8	106.3	87.1
12	482	842	56	94.9	104.3	90.3

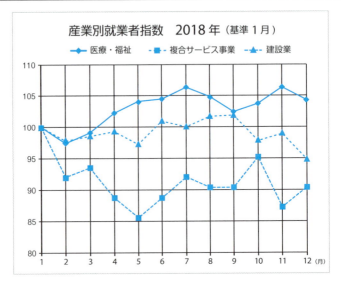

確　率　215

問2.

(1) 移動平均

(2)

年	就業者数（万人）	増加率 基準：2008年	成長率
2008	247	0.0	
2009	244	-1.2	-1.2
2010	237	-4.0	-2.9
2011	231	-6.5	-2.5
2012	225	-8.9	-2.6
2013	218	-11.7	-3.1
2014	210	-15.0	-3.7
2015	209	-15.4	-0.5
2016	203	-17.8	-2.9
2017	201	-18.6	-1.0
2018	210	-15.0	4.5

練習問題　確率（問題は p.162～）

問1. (1) 16個　　(2) 23個　　(3) 11個

問2. (1)（ i ）4　　（ ii ）$\dfrac{4}{5}$　　（ iii ）$\dfrac{2}{5}$　　(2) $\dfrac{1}{2}$

問3. (1)

	男子	女子	合計
アジア	62	28	90
ヨーロッパ	35	45	80
アフリカ	68	17	85
合計	165	90	255

(2) $\dfrac{45}{255} = \dfrac{3}{17}$

問4. ②

問5. ③

問6. (1) ④　　(2)（ i ）⑤　　（ ii ）①　　（ iii ）④

練習問題　標本調査（問題は p.180～）

問1. (1) ⑤

問2. (1) ①　　　(2) ③

第 6 章 総合問題（問題は p.183 ～）

問題 1.
(1) ③ （ア）は適切だが，（イ）と（ウ）は適切でない．
(2) ② （カ）と（キ）は適切でないが，（ク）は適切である．

問題 2.
(1) リンゴ A
(2) リンゴ A は，中央値が平均値より大きいため左に歪んだ分布を示し，大きめのリンゴが多い．逆にリンゴ B は右に歪んでいて小さめのリンゴが多い．また範囲（レンジ）は，リンゴ A は 90 グラムとリンゴ B に比べて小さいことから，大きくてより均一な重さ（大きさ）のリンゴはリンゴ A といえる．

問題 3.
(1) 男性：64kg，女性：55kg
(2) ヒストグラム

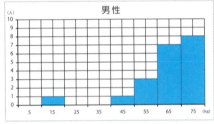 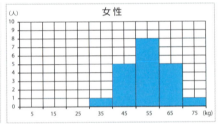

(3) 男性の分布は，中心が右に寄った（最頻値 70 ～ 80kg），左に裾を引く分布である．10 ～ 20kg に外れた値が存在する．女性の分布は，50 ～ 60kg を中心とした左右対称のベル型（山型）分布である．

(4)
- 中心となる体重の値が異なる．男性は中心が右寄り（体重の重い人が多い）．
- ばらつき具合が異なる．
- 男性は，外れた値が存在する異質なデータ（子どもなど）の混在している可能性があるため，2 種類のプランを検討することも必要である．女性は同質のデータを示す一山で左右均等の分布であるため，プランは 1 つでよいと考えられる．

問題 4.
    (1) ① 360，② 40，③ 20
    (2) ④ 200，⑤ 46，⑥ $276x+100$，⑦ $276x+200$，⑧ 11

問題 5.
    (1) 例① 数年前と比べると交通量は多くなった．
          根拠：道路にたくさんの車が走っている
                駐車場にたくさんの車が止まっている
                ガソリンスタンドが増えた　など．
       例② 数年前と比べると交通量は少なくなった
          根拠：道路を走る車の数が少なくなった
                駐車場に止まっている車が少ない　など．

(2)
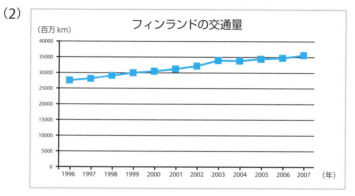

(3) (1) の回答と (2) のグラフは同じ（または逆の）傾向を示している．グラフはほぼ直線的であり，この直線の傾きは

$$\frac{35661-27558}{11} = \frac{8103}{11} = 736.64$$

となり，$35661+736.64\times 6 \fallingdotseq 40{,}081$ で 6 年後（2013 年）に 40,000 百万 km を越える．しかし，もちろん，地球温暖化を意識することなどにより，トレンドが反転する可能性もあるだろう．

(4)
    (i)　Uusimaa-Nyland
    (ii)　Oulu
    (iii)　Uusimaa-Nyland
    (iv)　(i) と (iii) は同じ：交通量が多いことは事故に大きく関連するから，問題 (i) と問題 (iii) は同じ地域である．

(v) 交通量が最も多い地域 Uusimaa-Nyland は交通事故も最も多い．また逆に，交通量が最も少ない地域は交通事故も少ない．9つの地域すべてにおいて同じような傾向がみられる．また，他の項目間にこのような傾向は確認できないため，交通量と交通事故には関係があり，他の項目間には関係がないことが考えられる．

(参考) 4級試験の範囲外ではありますが，下に示すように散布図を描くと2つの項目の関係をわかりやすく表現することができます．交通量と交通事故のグラフは，交通量の値が大きくなると交通事故の値が大きくなり，交通量の値が小さいと交通事故の値が小さい傾向がわかります．

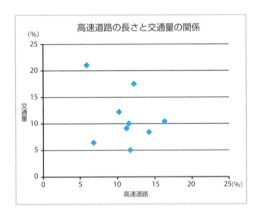

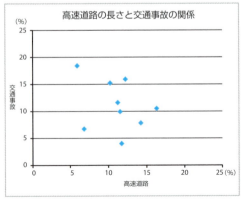

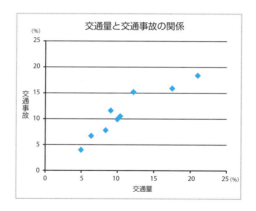

(5)
   (i) 通学手段ごとにデータの件数を集計して円グラフや棒グラフを描いて比較する．割合の場合は帯グラフも適している．
   (ii) 12歳
(6) 交通量の割合が高い地域の交通事故が多いため，政府は交通量を減らすために，高速道路の建設などを検討すべきだと思う．

問題 6. ④
学年や生まれた月は見た目は数値だが，和を求めることや平均値を求めることに意味をなさないため質的データに分類する．

問題 7. a,d
サッカーのゴール数と魚の全長は値の大小を数値で記録した量的データである．

問題 8. ③
同じデータでも，横軸と縦軸の目盛の取り方によって折れ線グラフの形状が変わる．折れ線グラフにしたとき右上がりの形状になる折れ線グラフにすると，新入社員の初任給が上がっている様子が明確になる．したがって，4つの座標軸のうち折れ線グラフが右上がりの形状になるものを選べばよい．ただし④は横軸がデータの範囲を越えているので適切ではない．

問題 9. ⑤
30度以上の度数を合計すると，11+13+3+0=27である．

220　解　答

問題 10.
  (1) ③
      度数折れ線グラフは，度数分布表を折れ線で表現したグラフであり，
      平均は度数分布表と同じように計算できる．各階級の値に度数をかけ
      て平均する．
      $$\frac{10 \times 35 + 30 \times 5 + 50 \times 10 + 70 \times 30 + 90 \times 15 + 110 \times 5}{35 + 5 + 10 + 30 + 15 + 5} = \frac{5000}{100} = 50分$$
  (2) ①，②，③，④
      特に男女別で検討する必要は示されていないため，グラフから求めた
      平均値 50 分を予測値とすることの是非に⑤は関係しない．

問題 11.
  (1) ④　　(2) ④

問題 12. ②
      3 科目の合計点 180 点に，数学と理科の得点 150 点を足し，科目数 5 で
      割ると 66 点である．

問題 13.
  (1)（ⅰ）②
     （ⅱ）①
  (2) ③
  (3) ③

問題 14. ④
      欠席者が，両方とも男子，両方とも女子の場合でも，前日に求めた男子と
      女子の参考書の数の平均値はそれぞれ変わらない可能性がある．また，た
      とえば，7 月 3 日の欠席者が 2 名とも女子で 7 冊の場合には，男女別の
      平均は変わらないが全体の平均値は大きくなる．よって，（イ）も正しく
      ない．

総合問題 221

問題 15.
(1) ②　(2) ①

問題 16. ②
太郎さんの体重は，それぞれの月齢の中央値をすべて超えていて 90 パーセンタイル付近で推移しているが，身長も同様に 90 パーセンタイル付近で推移しているので，太郎さんの体型が他の赤ちゃんに比べて太っているとはいえない.

問題 17. ⑤

付　録

A 「統計グラフ全国コンクール」について　　**224**

B 「科学の道具箱」について　　**226**
　　〜コンピュータで統計グラフを作ってみよう〜

「統計グラフ全国コンクール」について

統計グラフ全国コンクールは，全国の小学生，中学生，高校生等を対象に行われるコンクールです．テーマは自由です．興味のある事柄について調べ，その結果を統計グラフで表現してください．

審査は6部門で行われ，第1部は小学校1年生と2年生，第2部は小学校3年生と4年生，第3部は小学校5年生と6年生，第4部は中学生，第5部は高校生以上，一般パソコン統計グラフの部は小学生以上を対象としています．

各部門で特選が選出され，特に優秀と認められた作品には「総務大臣賞」，「文部科学大臣賞」，「日本統計学会会長賞」，「日本品質管理学会賞」が贈られます．

応募の方法

各都道府県統計協会に作品を提出すると，優秀な作品は中央審査に出品されます．中央審査に出品された作品には，一般社団法人日本統計学会が認定する統計検定4級(活動賞)が贈られます．

作品のサイズ	仕上げ寸法　72.8cm × 51.5cm（B2判） ＊用紙は貼り合わせでも可
応募人数	1作品について5人以内
提出先	都道府県統計協会
締切日	都道府県統計協会の定めた日 ＊中央審査（公益財団法人統計情報研究開発センター）の締切は，例年9月20日頃

（詳細は http://www.sinfonica.or.jp/tokei/graph/index.html を参照）．

第66回統計グラフ全国コンクール入賞作品の紹介（口絵参照）

● 総務大臣賞

「18歳の私達が拓く未来！選挙に行こう」

高等学校以上の生徒・学生及び一般の部
愛知県・愛知県立豊野高等学校　3年　畠 朋香

● 文部科学大臣賞

「小学生のにもつのおもさ」

小学1・2年生の部
福岡県・福岡市立愛宕小学校　2年　江見一夏

● 日本統計学会会長賞

「高校合格は寝てつかみとれ！睡眠とスマホ・携帯の影響」

中学生の部
埼玉県・埼玉大学教育学部附属中学校　3年　竹内花奈

● 日本品質管理学会賞

「気付こう！　身近な食品ロス」

小学5・6年生の部
埼玉県・川越市立霞ヶ関小学校　6年　髙橋 慧

ミニトピックス

● 第61回総務大臣特別賞

「"終わらない夏" ～最後の大会に向けて～」

パソコン統計グラフの部
岐阜県大垣市立星和中学校　3年　山田圭悟

「科学の道具箱」について
~ コンピュータで統計グラフを作ってみよう ~

まず,科学の道具箱トップページ(https://rika-net.com/contents/cp0530/contents/index.html)から入ってください.

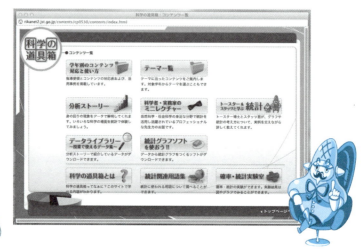

▶ はじめに

まずはじめに「科学の道具箱とは?」を見てください.「統計ってなんだろう」,「統計でなにがわかるのかしら」の疑問が解決,このサイトで学べる内容の全体がわかります.

▶ 対象は?

小学生から中学生,高校生以上まで.それぞれのレベルに合ったページが用意されています.

▶ どんな話題が載ってるの?

「分析ストーリー」と「ミニレクチャー」は動画入りの解説.統計の専門家の先生たちがやさしく解説しているから,とってもわかりやすいし,おもしろいです.「統計グラフソフトを使おう!!」では,コンピュータを使った統計グラフの作り方もわかります.

扱っているテーマもヤツデの葉の数, 地球温暖化, 新薬の開発, 花粉の飛散量予測, マーケティング, 野球をデータで見てみたり, 政府統計の話など, 興味深いものがもりだくさん.

「分析ストーリー」で内容を把握したら,「ミニレクチャー」でさらに興味深いお話が聞けます.

「データライブラリー」からは関連するデータをダウンロードすることができます.

▶ 統計の学習は？

「トースター＆スタッツと学ぶ統計」では, スタッツのいろいろな疑問にトースターが答えます.

二人の会話に引き込まれているうちに, 統計の仕組みがわかってしまいます.

内容はグラフの正しい描き方から始まって，この本で勉強した内容や，もっと進んだ高校生レベルのものまで含まれています．複雑な分析にもぜひチャレンジしてみましょう！

▶ グラフソフトが使えるの？

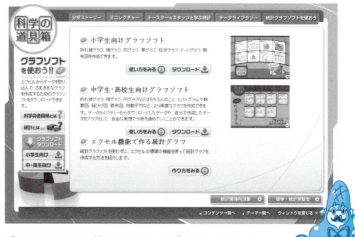

「統計グラフソフトを使おう!!」のグラフソフトは「超イチオシ」です．

「小学生向け」と「中学生・高校生向け」に分かれていて，エクセル（Excel）用の解説もあります．「ダウンロード」のボタンを押し，ソフトをダウンロードして使います．

こちらは中学生・高校生向けのスタート画面．質的データ，量的データ，時系列など，いろいろなメニューがあります．

「量的データ」の「ヒストグラム」を選ぶと，このような画面が出てきます．

さらに画面下方にある「グループ分け」で「性」を選ぶと….

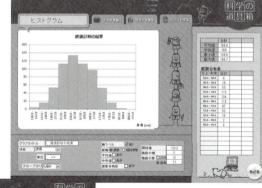

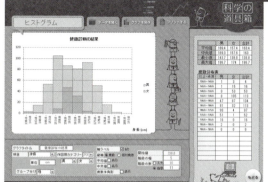

ワンタッチで男女別にグループ分けされました．

ほかにも設定をいろいろ変えて，それぞれのグラフを保存して比較してみましょう．もちろん，ほかのデータを利用してヒストグラムを描くこともできます．「データライブラリー」のデータを使えば「分析ストーリー」がさらによくわかるし，自分なりの発見があるかもしれません．

「エクセル機能で作る統計グラフ」のボタンをクリックすれば，エクセルの標準の機能だけを使っていろいろな統計グラフを作る方法も紹介されています．「箱ひげ図」や「散布図」も自由自在．たくさんのグラフを描いて，いろいろなことを読み取ってみてください．

索　引

[アルファベット]

BB弾によるサンプリング実験 ……… 169

PPDACサイクル …………………… 4, 7

[かな]

あ行

一様乱数………………………………… 171

移動平均………………………………… 138

絵グラフ………………………………… 57

円グラフ…………………………… 11, 22

帯グラフ…………………………… 11, 23

折れ線グラフ……………………… 11, 15

か行

階級…………………………………… 79, 80

階級値…………………………………… 80

階級幅…………………………………… 80

科学の道具箱………………… 3, 35, 226

確率……………………………………… 150

カテゴリー……………………………… 53

観測値…………………………………… 8

擬似乱数………………………………… 173

基本統計量……………………………… 97

行比率…………………………………… 64

クロス集計表…………………………… 62

経験的確率………………………… 151, 156

系統サンプリング………………… 173, 174

減少率…………………………………… 143

さ行

最頻値…………………………………… 98, 99

散布図…………………………………… 118

サンプリング…………………………… 168

サンプリングフレーム………………… 171

時系列グラフ…………………………… 132

時系列データ…………………………… 132

事象……………………………………… 150

指数……………………………………… 140

質的データ…………………………… 53, 55

指標……………………………………… 97

四分位数………………………………… 109

四分位範囲………………………… 110, 111

樹形図…………………………………… 152

条件付き確率…………………………… 157

数学的確率……………………………… 151

成長率…………………………………… 144

センサス@スクール………………… 3, 37

全数調査………………………………… 166

層化サンプリング……………………… 173

増加率	143
相関図	118
層別ランダムサンプリング法	174
相対度数	26

た・な行

代表値	98
多段サンプリング	173
多段ランダムサンプリング法	175
タリーチャート	55
中央値	98, 99
抽出枠	171
等間隔サンプリング法	174
統計的確率	151
統計量	167
同様に確からしい	151
度数	26
度数折れ線	28
度数多角形	28
度数分布表	56
ドットプロット	109
トレンド	134
なるほど統計学園	3, 32
ネイマン配分法	175

は行

場合の数	152
パーセンタイル	89, 111
パーセント点	89, 111
箱ひげ図	114
外れ値	85
ばらつき	9, 26

パレート図	60
範囲	108
ヒストグラム	82
非標本誤差	167
比例配分法	175
標本	166
標本誤差	167
標本サイズ	168
標本抽出	168
標本調査	166
標本の大きさ	168
標本分布	170
複合グラフ	11, 20
分布	9, 26, 76
平均値	98, 99
棒グラフ	11
母集団	166
母数	167

ま行

ミーン	98, 99
幹葉図	28
無作為抽出法	169
無作為標本	167
無作為標本抽出	167
メジアン	98, 99
モード	98, 99

や行

有意抽出法	168

ら・わ行

乱数……………………………… 171

乱数サイ………………………… 172

乱数表…………………………… 172

乱数列…………………………… 172

ランダムサンプリング………………… 167

ランダムサンプリング法……………… 169

ランダムサンプル……………………… 167

離散データ…………………………… 76

量的データ…………………………… 53, 76

理論的確率………………… 151, 152, 154

累積相対度数……………………… 60

累積相対度数グラフ………………… 88

累積度数グラフ…………………… 112

列比率……………………………… 64

レンジ……………………………… 108

連続データ………………………… 76

和の法則…………………………… 153

日本統計学会 The Japan Statistical Society

■ 執　　筆

深澤　弘美　東京医療保健大学　医療保健学部教授

渡辺美智子　慶應義塾大学大学院　健康マネジメント研究科教授

■ 改訂版責任編集

川崎　茂　　日本大学　特任教授

山下智志　　統計数理研究所　教授

矢島美寛　　東京大学　名誉教授

■ 初版責任編集

竹村　彰通　東京大学　情報理工学系研究科教授

岩崎　学　　成蹊大学　理工学部教授

（肩書きは初版執筆当時のものです）

日本統計学会ホームページ　https://www.jss.gr.jp/

統計検定ホームページ　　　https://www.toukei-kentei.jp/

装丁（カバー・表紙）　　高橋　敦　（LONGSCALE）

改訂版　日本統計学会公式認定　統計検定 4 級 対応

データの活用

```
2012 年 12 月 25 日　初　版　第 1 刷発行
2019 年 12 月 25 日　改訂版　第 1 刷発行
2024 年 5 月 25 日　改訂版　第 6 刷発行
```

編　集　日本統計学会

発行所　東京図書株式会社

　　　　〒 102-0072 東京都千代田区飯田橋 3-11-19

　　　　振替 00140-4-13803　電話 03(3288)9461

　　　　http://www.tokyo-tosho.co.jp

本書の印税はすべて一般財団法人 統計質保証推進協会を通じて
統計教育に役立てられます.

ISBN 978-4-489-02325-5　　Printed in Japan　　©The Japan Statistical Society 2012, 2019